AF590553

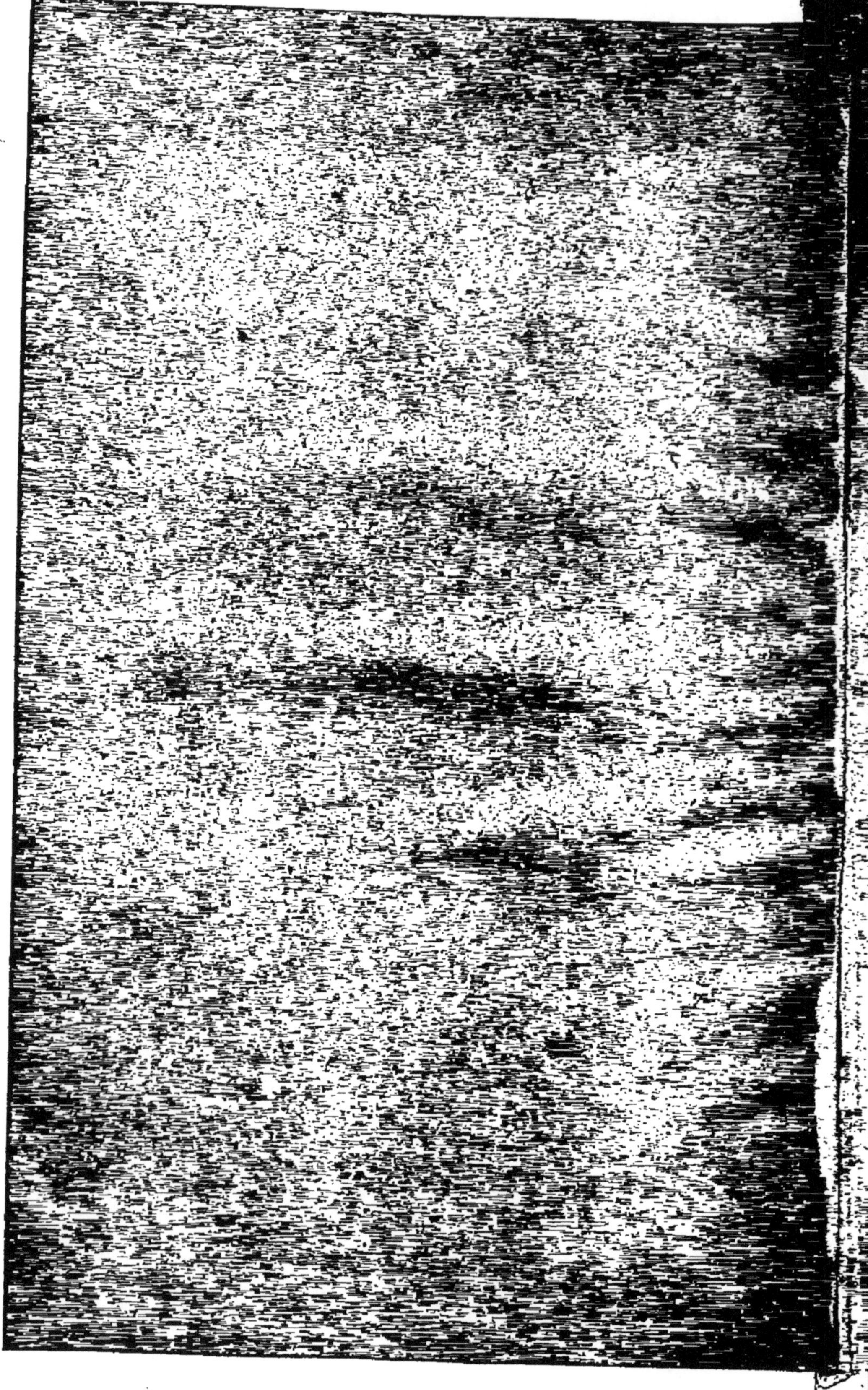

BIBLIOTHÈQUE DES ÉCOLES PRIMAIRES SUPÉRIEURES
ET DES ÉCOLES PROFESSIONNELLES
Publiée sous la direction de FÉLIX MARTEL

8°V
43050

GÉOMÉTRIE

(ÉCOLES DE FILLES)

D'après les programmes officiels du 18 Août 1920

SOLUTIONS RAISONNÉES

(EXERCICES ET PROBLÈMES)

PAR

Th. HUE et N. VAGNIER

PARIS
LIBRAIRIE DELAGRAVE
15, RUE SOUFFLOT, 15

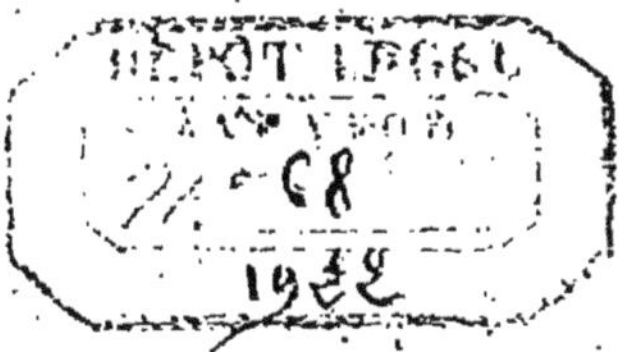

GÉOMÉTRIE

SOLUTIONS RAISONNÉES

(Exercices et Problèmes)

8° V
43050

BIBLIOTHÈQUE DES ÉCOLES PRIMAIRES SUPÉRIEURES
ET DES ÉCOLES PROFESSIONNELLES
Publiée sous la direction de Félix MARTEL, Inspecteur général de l'Instruction publique.

BIBLIOTHÈQUE NATIONALE IMPRIMÉS

GÉOMÉTRIE

D'après les programmes officiels du 18 août 1920

Écoles primaires supérieures (Filles)
Cours complémentaires (Garçons et Filles)
Brevet élémentaire

SOLUTIONS RAISONNÉES

(Exercices et Problèmes)

PAR

TH. HUE
Directeur honoraire
des
Écoles nationales professionnelles.

N. VAGNIER
Professeur honoraire
à l'École pratique de commerce
et d'industrie de Rennes.

PARIS
LIBRAIRIE DELAGRAVE
15, RUE SOUFFLOT, 15
1922

Tous droits de reproduction, de traduction et d'adaptation
réservés pour tous pays.

SOLUTIONS RAISONNÉES

PREMIÈRE ANNÉE

BIBLIOTHÈQUE NATIONALE R.F.

1. — *Mesurer la distance entre deux points.*

Soit à mesurer la distance entre les deux points A et B (fig. 1). Pour cela, prenons un compas à pointes sèches; posons l'une des pointes sur le point A et écartons les deux branches du compas, de manière à placer la deuxième pointe sur le point B. Transportons le compas sur le double décimètre, où nous lirons la distance entre les deux pointes. C'est la distance demandée.

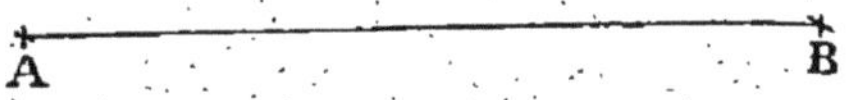

A B

Fig. 1.

2. — *Trouver une ligne droite égale à la somme de plusieurs lignes droites données.*

Soient AB, CD et EF trois lignes droites données (fig. 2); il s'agit de trouver une ligne droite égale à la somme de ces trois droites.

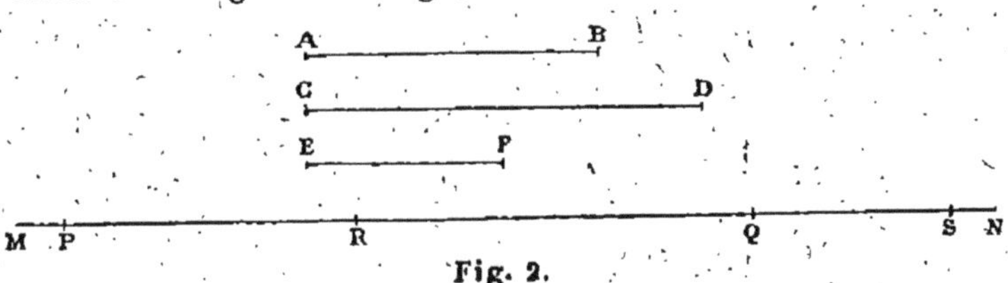

Fig. 2.

Au moyen d'un compas mixte, c'est-à-dire ayant une branche à pointe sèche et une branche munie d'un crayon, on porte sur une ligne droite indéfinie MN, et à partir d'un point P, une longueur PR égale à AB; puis, à la suite, et à partir du point R, une longueur RQ égale à CD; enfin, à la suite, à partir du point Q, une longueur QS égale à EF. On détermine ainsi la droite PS qui est la droite demandée.

3. — *Trouver une ligne droite égale à la différence de deux lignes droites données.*

Soient les lignes droites données AB et CD (fig. 3). Je veux trouver une ligne droite égale à AB — CD.

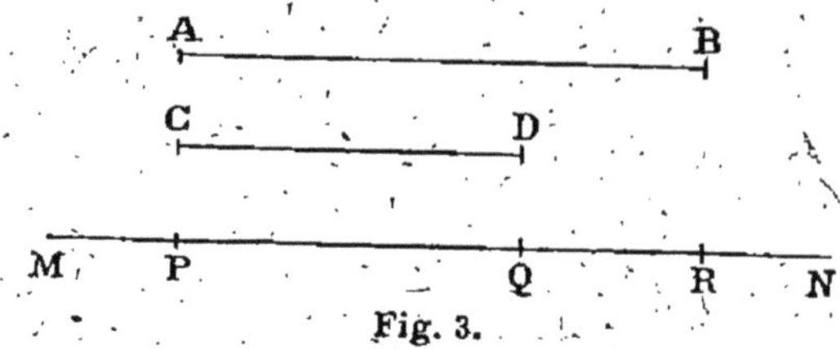

Fig. 3.

Sur une droite indéfinie MN, et à partir d'un point P, prenons, au moyen du compas, une longueur PR égale à AB; puis, à partir du même point P, une longueur PQ égale à CD. La droite QR sera la droite demandée; en effet QR = PR — PQ,

ou

$$QR = AB - CD.$$

4. — *Diviser une droite donnée en 16 parties égales.*

Soit la droite limitée AB à diviser en 16 parties égales (fig. 4).

Nous commencerons par diviser la droite AB en deux parties

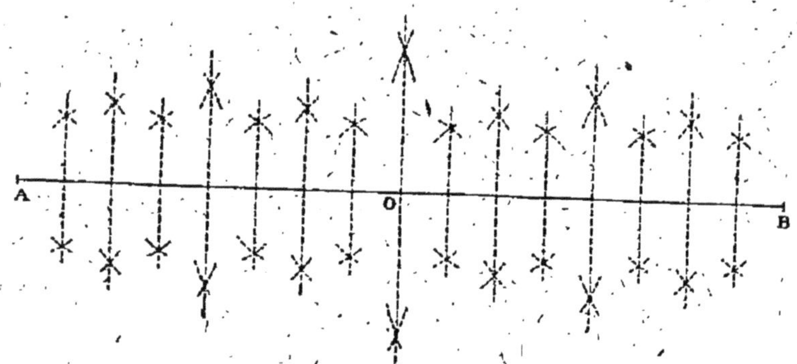

Fig. 4.

égales, en procédant comme il est dit dans le cours au nº 117 et, en appliquant la méthode du nº 118, nous aurons partagé AB en 16 parties égales.

5. — *Tracer une ligne droite de 15 centimètres et la partager en cinq parties égales.*

Sur une droite indéfinie MN (fig. 5) et à partir d'un point A comme centre, avec une ouverture de compas de 15 centimètres, prise sur

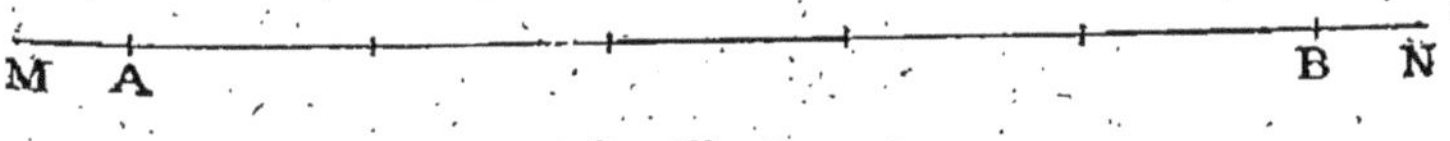

M A B N

Fig. 5.

le double décimètre, décrivons un arc de cercle qui rencontrera la droite MN en un point B. La portion de droite AB sera la droite demandée.

Pour la partager en 5 parties égales, il suffira de prendre une ouverture de compas de 3 centimètres et de la porter, à partir du point A cinq fois de suite sur la droite AB.

Remarque. — La figure correspondante est réduite de moitié.

6. — *Trouver une droite égale à la différence de deux droites dont l'une a 17 centimètres et l'autre 143 millimètres.*

A partir de l'extrémité A d'une droite AB ayant une longueur de 17 centimètres ou 170 millimètres, prenons, dans le sens AB, une longueur de 143 millimètres, soit AC.

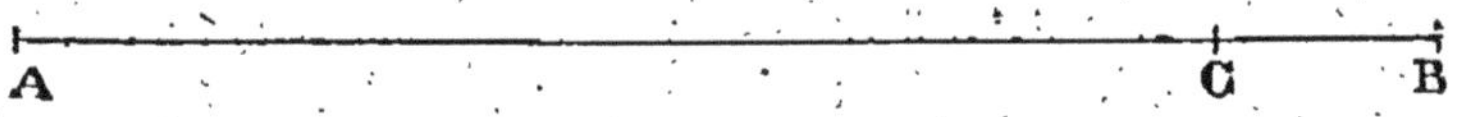

A C B

Fig. 6.

La droite CB sera la droite demandée (fig. 6);
en effet : CB = AB — AC = 170 millimètres — 143 millimètres.

Remarque. — La figure a encore été réduite de moitié.

7. — *Mesurer la distance d'un point à une droite.*

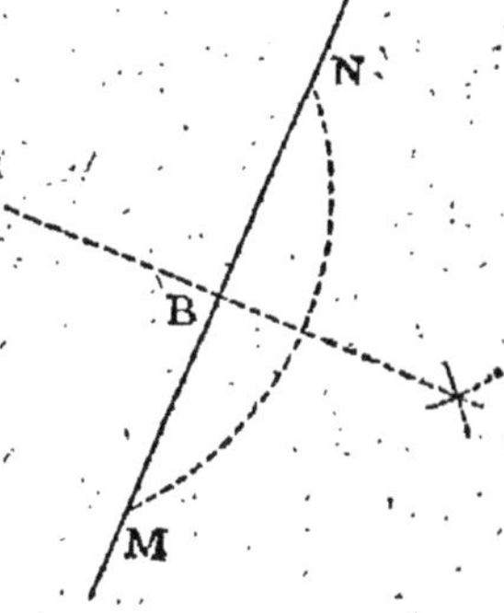

Fig. 7.

Soit à mesurer la distance du point A à la droite MN (fig. 7). On sait que, d'une façon générale, la distance entre deux corps est le plus petit intervalle qui les sépare. Or, nous savons que la perpendiculaire à une droite est plus courte que toute oblique à cette droite passant par le même point.

La distance demandée est donc la

longueur de la perpendiculaire menée du point A sur la droite MN. Il suffira donc, pour résoudre le problème, de mener du point A la perpendiculaire AB sur MN et de mesurer cette perpendiculaire (Voir : cours, n° 119).

8. — *Étant donnés une droite et deux points sur cette droite, déterminer sur celle-ci un point également distant des deux premiers.*

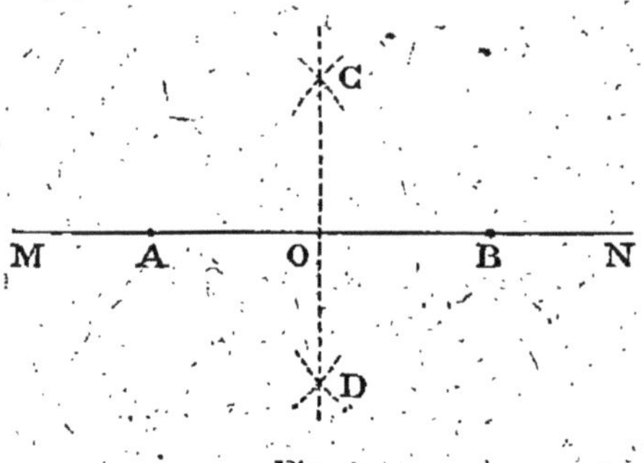

Fig. 8.

Soient la droite MN et les deux points A et B donnés sur cette droite ; il s'agit de déterminer sur MN un point situé à égale distance des deux points A et B (fig. 8), c'est-à-dire de partager la portion de droite AB en deux parties égales, autrement dit de mener la perpendiculaire au milieu de la droite AB (Voir : cours, n° 117).

9. — *Trouver un point qui soit à 30 millimètres d'un point donné A et à 20 millimètres d'un point donné B. Dire à quelle condition le problème est possible.*

Soient les deux points donnés A et B (fig. 9). Du point A comme centre, avec une ouverture de compas de 30 millimètres, décrivons un arc de cercle ; puis, du point B comme centre, avec une ouverture de compas de 20 millimètres, décrivons un autre arc de cercle rencontrant le premier. Soit C le point de rencontre. Ce point est le point demandé. En effet, tous les rayons d'un même cercle sont égaux, tous les points du premier arc de cercle sont donc à 30 millimètres du point A ; de même, tous les points du second arc de cercle sont à 20 millimètres du point B. Donc le point C, appartenant à la fois aux deux arcs de cercle, est situé à 30 millimètres de A et à 20 millimètres de B.

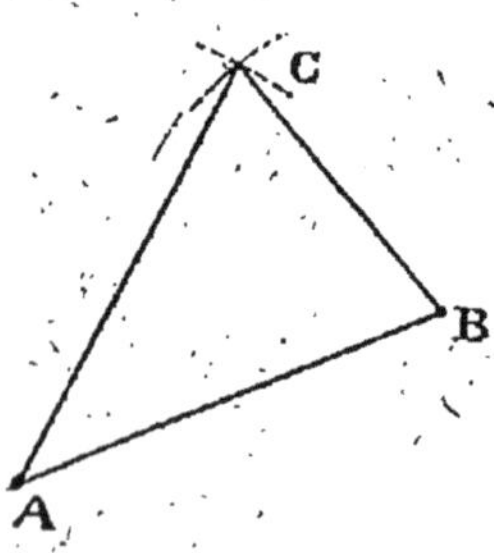

Fig. 9.

En prolongeant les arcs de cercle, on trouvera un autre point situé de l'autre côté de la droite AB.

Pour que le problème soit possible, il faut que les deux arcs de cercle se rencontrent, ce qui exige :

1° Que la distance des deux points donnés soit plus petite que 30 + 20 ou 50 millimètres; car, si l'on a AB > 50 mm., les deux circonférences seront extérieures l'une à l'autre et ne se couperont pas;

2° Que cette distance entre les deux points soit plus grande que 30 — 20 ou 10 millimètres; car, si l'on a AB < 10 mm., les deux circonférences seront intérieures, c'est-à-dire l'une dans l'autre, et ne se couperont encore pas. Ces deux cas sont représentés par la figure 10.

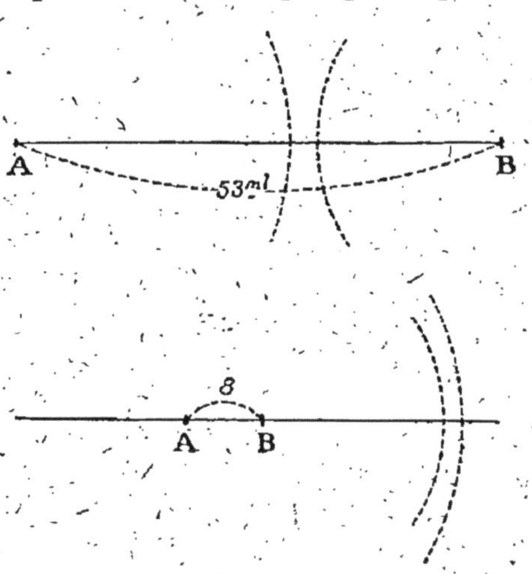

Fig. 10.

Dans les cas particuliers où AB = 50 mm. ou AB = 10 mm., les deux circonférences se toucheront en un seul point situé sur la droite AB.

En résumé :

si AB < 50 mm. et AB > 10 mm. } deux solutions,
si AB = 50 mm. ou AB = 10 mm. } une solution,
si AB > 50 mm. ou AB < 10 mm. } le problème est impossible.

10. — *On donne un point à 32 millimètres d'une droite; mener par ce point deux obliques à la droite, l'une de 40 millimètres et l'autre de 36 millimètres de longueur.*

Soient la droite MN et le point O situé à 32 millimètres de cette droite (fig. 11). Il s'agit de mener du point O une oblique à MN ayant 40 millimètres de longueur et une autre oblique de 36 millimètres.

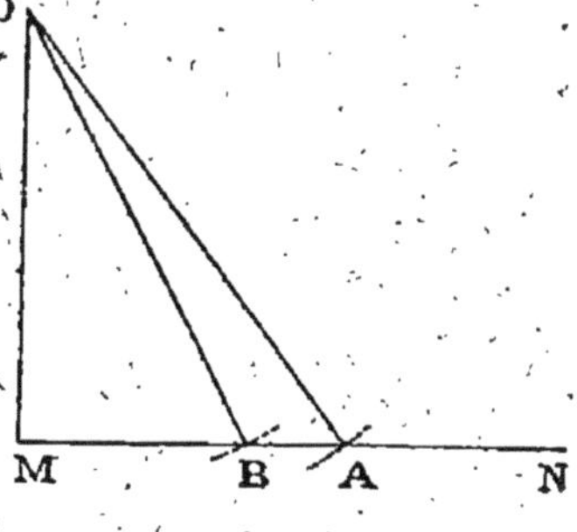

Fig. 11.

Pour cela, du point O, menons d'abord la perpendiculaire OM à MN, puis, du même point O, avec une ouverture de compas de 40 millimètres, décrivons un arc de cercle qui rencontre MN en A, puisqu'on a OA > OM; enfin, du même point O comme centre, avec une ouverture de compas de 36 millimètres, décrivons un autre arc de cercle qui rencontre MN en B, puisqu'on a aussi OB > OM. Menons OA et OB qui sont les obliques demandées. En effet, d'abord les deux droites OA et OB sont des obliques, puisque OM est la perpendiculaire menée de O sur MN; ensuite elles ont bien l'une 40 millimètres, l'autre 36 millimètres de longueur, puisque tous les rayons d'une circonférence sont égaux.

11. — *Aux extrémités d'une droite de 25 millimètres, mener des perpendiculaires, l'une de 15 millimètres, l'autre de 7 millimètres. En joindre les extrémités et mesurer la droite ainsi obtenue.*

Soit la droite MN de 25 millimètres (fig. 12). Menons par les deux points M et N, par le procédé indiqué au n° 155 du cours, les perpendiculaires MA, NB et prenons, sur MA, une longueur de 15 millimètres, puis, sur NB, une longueur de 7 millimètres. Joignons enfin par une droite les points A et B et mesurons cette droite à l'aide du compas et du double décimètre; on trouve 26 millimètres.

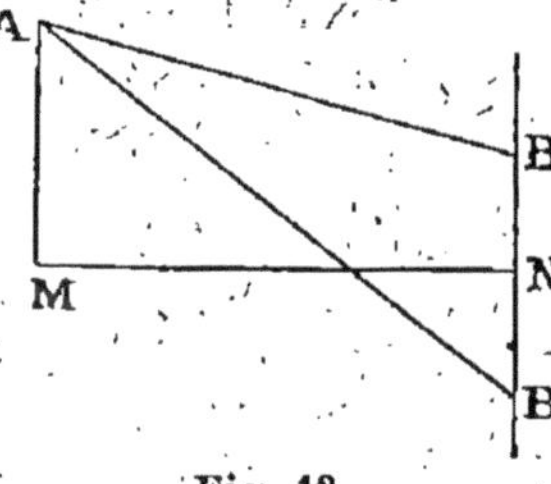

Fig. 12.

Il y a deux solutions, car les deux perpendiculaires à MN peuvent être prises toutes les deux d'un même côté de MN ou bien l'une dans un sens et l'autre, NB' par exemple, en sens contraire. Dans ce dernier cas, la droite cherchée AB a une longueur de 33 millimètres.

12. — *Par un point donné hors d'une droite, mener une autre droite qui fasse avec la première un angle égal à un angle donné.*

Soit le point A donné en dehors de la droite MN; il s'agit de

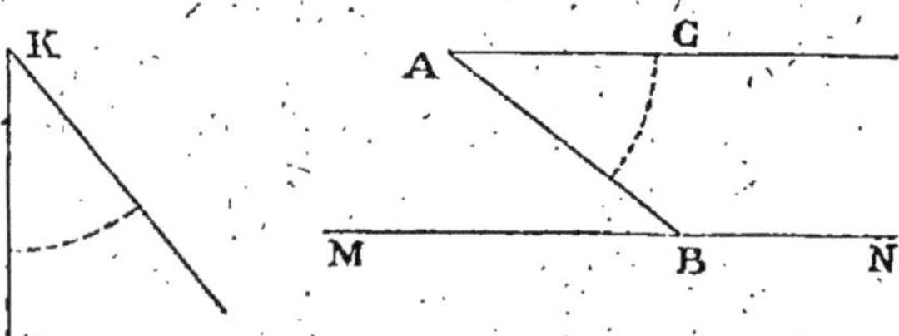

Fig. 13.

mener par ce point une droite faisant avec la droite MN un angle égal à l'angle donné K (fig. 13). Par le point A, au moyen du procédé indiqué au n° 137 du cours, menons la parallèle AC à MN et, au point A, faisons avec AC un angle BAC égal à l'angle K; le côté AB de cet angle rencontre MN en B, et l'angle ABM est l'angle demandé. En effet les angles ABM et BAC sont égaux comme alternes-internes formés par les parallèles MN et AC coupées par la sécante AB; donc $\widehat{ABM} = \widehat{K}$.

13. — *Trouver le complément d'un angle donné.*

Soit l'angle donné BAC; en trouver le complément (fig. 14). Pour cela, menons au point A la perpendiculaire sur AC; nous formons ainsi un angle BAD qui est le complément de l'angle BAC; en effet, la somme des deux angles BAC et BAD est égale à un droit (cours, n° 76).

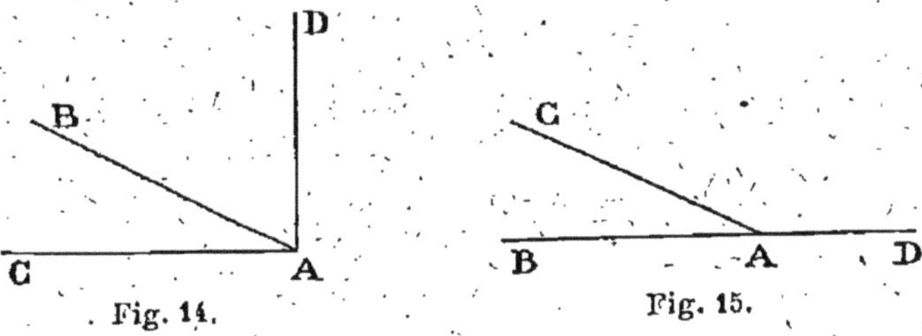

Fig. 14. Fig. 15.

14. — *Trouver le supplément d'un angle donné.*

Soit l'angle donné BAC; en trouver le supplément (fig. 15). Pour cela, prolongeons un des côtés de cet angle, BA par exemple; nous formons ainsi un angle CAD qui est le supplément demandé; en effet, BAC + CAD = 2 droits (cours, n° 75 *bis*).

15. — *Construire des angles de 25°, 32°, 45°, 90°.*

Soient une ligne droite quelconque MN et un point B, quelconque aussi, sur cette droite; il s'agit de construire au point B, et avec MN :

1° Un angle de 25° (fig. 16). — On place le centre d'un rapporteur au point B, la ligne 0 — 180 se confondant avec la droite MN. On marque sur le papier un point C correspondant à 25°. En joignant par une droite les points C et B, on forme l'angle MBC; c'est l'angle demandé, car il a la même mesure que l'angle de 25°.

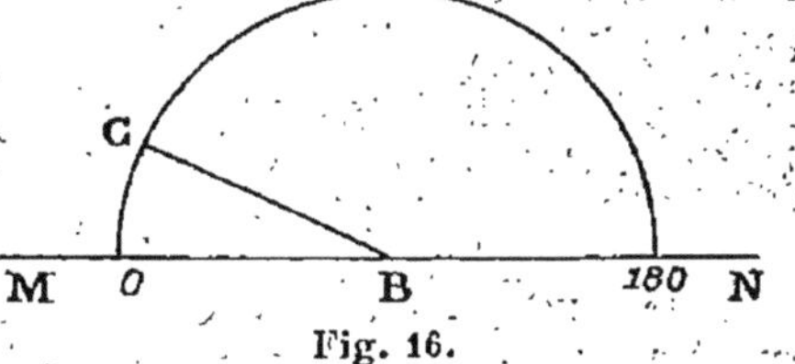

Fig. 16.

2° Un angle de 32°. — Même construction que ci-dessus, en prenant le point C à la division 32 du rapporteur.

3° Un angle de 45°. — Même construction, en prenant le point C à la division 45 du rapporteur.

4° Un angle de 90°. — Même construction, en prenant le point C à la division 90 du rapporteur.

Voir dans le cours, au n° 83 *ter*, une autre construction des angles de 45° et de 90° au moyen de la règle et du compas.

16. — *Construire un angle égal à la somme de plusieurs angles donnés.*

Soient les angles donnés A, B et C. Il s'agit de construire un angle égal à la somme A + B + C de ces angles. Pour cela, sur une droite quelconque MN (fig. 17), prenons un point P quelconque et, en ce

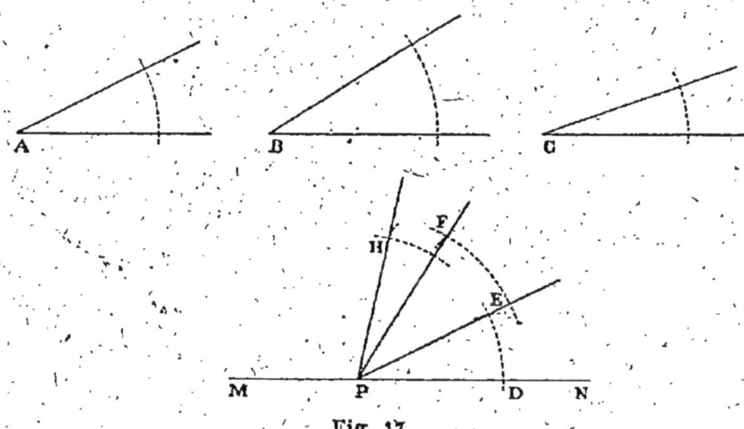

Fig. 17.

point P, par le procédé indiqué au n° 84 du cours, construisons l'angle EPD égal à l'angle donné A. Puis, au même point P, avec la droite PE, construisons, de la même manière, un angle FPE égal à l'angle donné B. Enfin, au même point P, avec la droite PF, construisons, par le même procédé, un angle HPF égal à l'angle donné C. L'angle HPD, étant égal à la somme EPD + FPE + HEF des angles EPD, FPE, HPF, respectivement égaux aux angles donnés, est l'angle demandé.

17. — *Construire un angle égal à la différence de deux angles donnés.*

Soient les deux angles donnés A et B (fig. 18); il s'agit de construire un angle égal à $\widehat{A}-\widehat{B}$.

Sur une droite quelconque MN, en un point P quelconque, construisons, par le procédé indiqué au nº 84 du cours, un angle DPN égal à

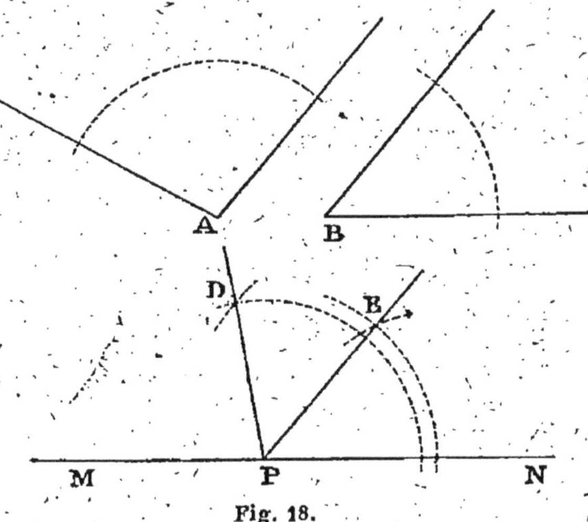

Fig. 18.

l'angle donné A; puis, au même point P et avec la même droite PN, construisons un angle EPN égal à l'angle donné B. L'angle DPE sera l'angle demandé, car il est égal à la différence des angles DPN et EPN, égaux respectivement aux angles donnés.

18. — *Partager un angle en huit parties égales.*

Soit à partager l'angle A en huit parties égales (fig. 19).

Du point A comme centre (fig. 19), avec une ouverture de compas quelconque, décrivons un arc de circonférence qui rencontre les deux côtés de l'angle en B et en C. De ces deux points B et C comme centres, décrivons deux arcs de circonférence qui se coupent en E; joignons par une droite les points A et E; cette ligne partage l'angle donné A en deux angles EAB et EAC égaux. Par le même procédé, partageons chacun de ces deux angles EAB et EAC en deux parties égales

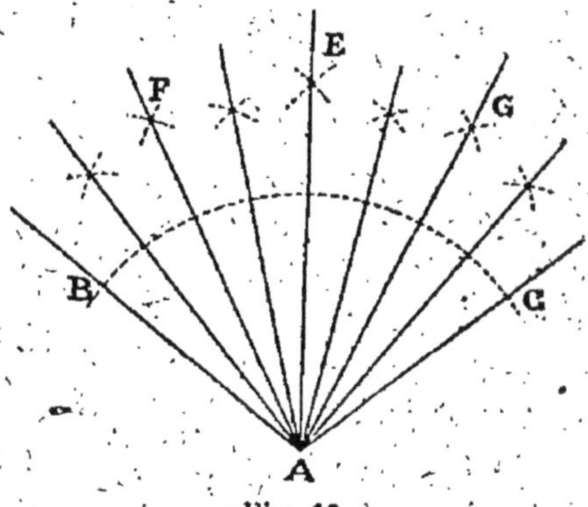

Fig. 19.

par les droites AF et AG. Enfin toujours par le même procédé, partageons en deux parties égales chacun des quatre angles obtenus; dès lors l'angle donné A sera partagé en huit parties égales.

19. — *Construire un angle égal au triple d'un angle donné.*

Soit l'angle donné A (fig. 20). Considérons un point O sur une droite MN et proposons-nous de construire au point O, et avec MN, un angle triple de l'angle A.

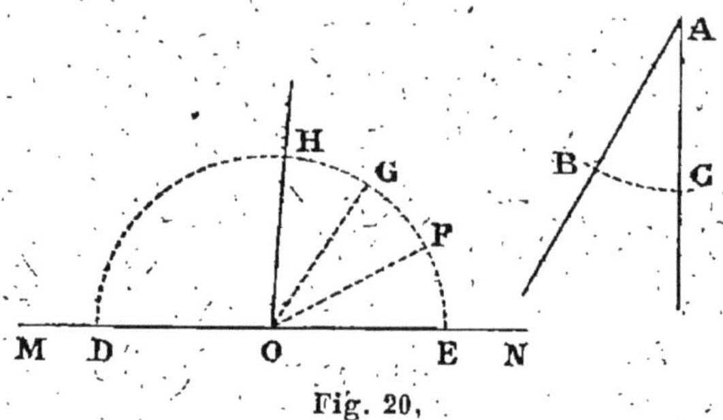

Fig. 20.

Pour cela, du point A comme centre, avec une ouverture de compas quelconque, décrivons dans l'angle A un arc de circonférence qui coupe les deux côtés de l'angle en B et en C; puis, du point O comme centre, avec le même rayon, décrivons une demi-circonférence qui coupe MN en D et en E. Prenons avec le compas la distance BC et portons cette distance à partir du point E sur la demi-circonférence. Nous obtenons ainsi l'arc EF égal à l'arc BC. Prenons, à la suite de F, deux nouveaux arcs FG et GH égaux à BC et menons la droite OH, l'angle HOE sera le triple de l'angle A donné. En effet les angles EOF, FOG, GOH sont égaux à l'angle A comme angles au centre interceptant des arcs égaux sur des circonférences de même rayon.

20. — *Construire un angle de 43°, mener la bissectrice de cet angle et, par un point de cette bissectrice, situé à 22 millimètres du sommet, abaisser des perpendiculaires sur chacun des côtés; enfin, mesurer ces perpendiculaires.*

Soit une droite MN et un point A sur cette droite (fig. 21). Au point A et au moyen du rapporteur, faisons, par le procédé connu (cours, n° 86), un angle de 43°; soit l'angle MAB. Construisons la bissectrice AO de cet angle, comme il est indiqué au n° 18 ci-dessus. Prenons, à partir du point A, une longueur AO de 22 millimètres et, de ce point O, par le procédé indiqué au n° 119 du cours, menons la perpendiculaire à chacune des droites AB et AM. Nous obtenons ainsi les droites OH et OK qui sont égales l'une à l'autre, puisque le point O est situé sur

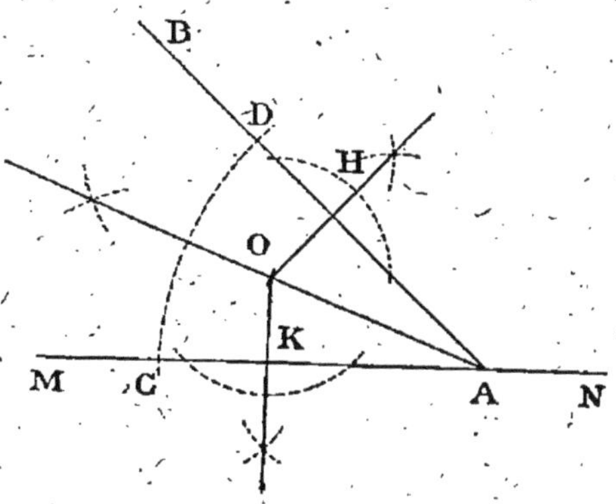

Fig. 21.

la bissectrice de l'angle. Enfin, avec le compas et le double décimètre, nous vérifierons que ces deux perpendiculaires sont égales et ont pour longueur commune 6 millimètres.

21. — *Mener les bissectrices de deux angles adjacents supplémentaires ; trouver la valeur de l'angle que ces bissectrices forment entre elles et expliquer le résultat obtenu.*

Soient les deux angles adjacents supplémentaires BAD et DAC, et leurs bissectrices AE et AF (fig. 22). L'angle qu'elles forment entre elles est droit. En effet,

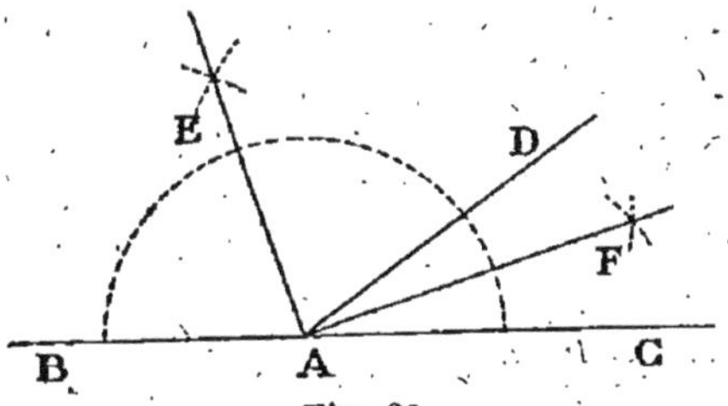

$$\widehat{EAD} = \frac{\widehat{BAD}}{2} \text{ et } \widehat{DAF} = \frac{\widehat{DAC}}{2}.$$

Fig. 22.

Donc :

$$EAD + DAF = \frac{BAD}{2} + \frac{DAC}{2}.$$

Mais : $\widehat{BAD} + \widehat{DAC} = 2$ droits,

donc : $\frac{BAD}{2} + \frac{DAC}{2} = 1 \text{ droit} = EAD + DAF.$

Les deux bissectrices sont donc perpendiculaires entre elles.

22. — *On donne deux droites qui se coupent sous un angle de 42° ; déterminer la position d'un point situé à 7 millimètres de l'une et à 12 millimètres de l'autre.*

Soit BAC l'angle de 42° donné (fig. 23). En un point quelconque D de AB menons à cette droite la perpendiculaire DH, sur laquelle nous prendrons une longueur DH égale à 7 millimètres, et, par le point H, menons la parallèle HG à AB (cours, n° 137). D'autre part, en un point quelconque E de AC, menons à cette droite la perpendiculaire EF (cours, n° 116), sur laquelle nous prendrons une longueur EF de 12 millimètres, et, par le point F, menons la parallèle FK à AC. Ces deux parallèles se rencontrent en P qui est le point demandé. En effet, tout point de la parallèle HG est situé à 7 millimètres de AB, et tout point de FK est situé à 12 millimètres de AC, puisqu'on sait que deux parallèles sont partout également distantes. Donc le point P, qui appartient aux deux parallèles, est bien situé à 7 millimètres de AB et à 12 millimètres de AC.

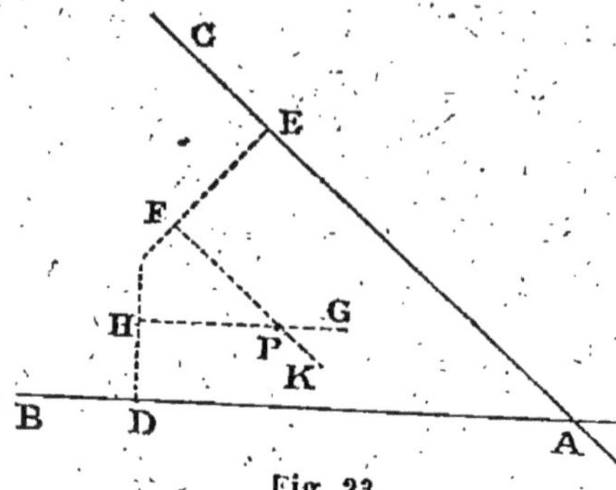

Fig. 23.

23. — *On donne deux droites concourantes qui ne peuvent se rencontrer dans les limites de la feuille de papier; mesurer l'angle de ces deux droites.*

Soient les deux droites AB et CD (fig. 24) qui, prolongées, se rencontreraient, mais hors des limites de la feuille de papier; il s'agit de mesurer leur angle. Pour cela, en un point quelconque E de AB, menons la parallèle EF à CD; nous formerons ainsi un angle AEF qui est égal à l'angle des deux droites. En effet, les deux angles sont des angles correspondants formés par les parallèles CD et FE coupées par la sécante AB; donc ils sont égaux. Il suffit donc de mesurer l'angle AEF pour avoir la valeur de l'angle des deux droites.

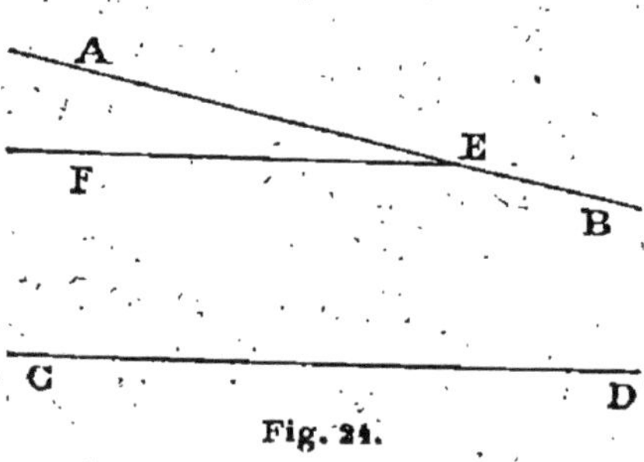

Fig. 24.

24. — *On donne deux droites dans la même direction; comment s'assurer qu'elles sont parallèles?*

Soient les deux droites MN et PQ (fig. 25); il faut s'assurer qu'elles sont parallèles.

Pour cela, menons une droite quelconque coupant les deux droites données en A et en B. Du point A comme centre, avec un rayon quelconque, AB par exemple, traçons un arc de circonférence qui coupe AB et MN en B et PQ en C; du point B comme centre, avec le même rayon, traçons un autre arc de circonférence qui coupe AB et PQ en A et MN en D.

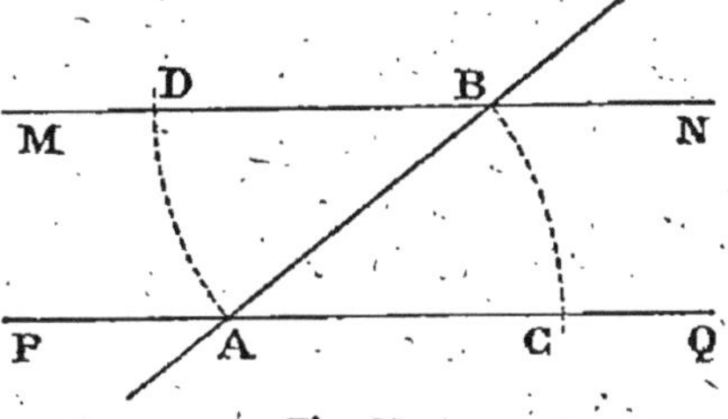

Fig. 25.

Si la distance BC est égale à la distance AD, nous pourrons affirmer que les deux droites MN et PQ sont parallèles. En effet, si les distances BC et AD sont égales, les arcs BC et AD seront aussi égaux; alors les angles au centre BAC et ABD seront égaux; mais ces deux angles sont alternes-internes par rapport aux droites MN et PQ coupées par la sécante AB; s'ils sont égaux, les droites qui les forment, MN et PQ, sont parallèles.

25. — *On donne une droite AB de 35 millimètres. Trouver un point C situé à 25 millimètres du point A et à 3 centimètres du point B; faire passer une circonférence par les trois points A, B et C et mesurer le rayon de cette circonférence.*

Soit la droite AB de 35 millimètres (fig. 26). Du point A comme centre, avec un rayon de 25 millimètres, traçons un arc de cercle, et du point B comme centre, avec un rayon de 3 centimètres, traçons un autre arc de cercle qui coupe le premier en C, puisque $35 < 30 + 25$ et $35 > 30 - 25$. Le point C ainsi obtenu est situé à 25 millimètres du point A et à 3 centimètres du point B.

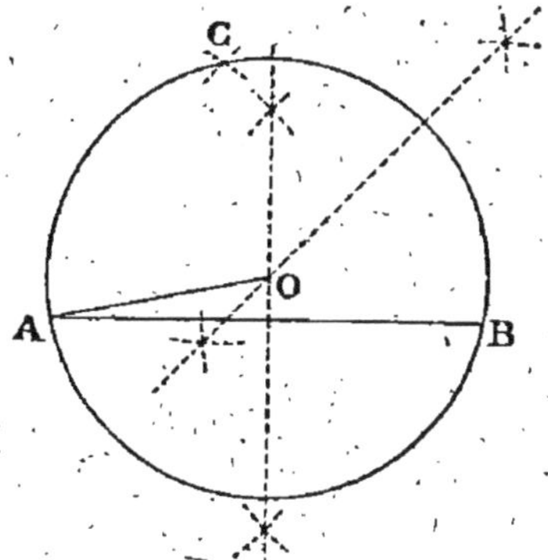

Fig. 26.

Pour trouver le centre O et le rayon OA de la circonférence passant par les trois points A, B et C, nous nous reporterons au n° 120 du cours.

Mesurant enfin OA avec le compas et le double décimètre, nous trouvons OA = 18 mm.

26. — *Des deux extrémités d'une droite de 4 centimè-*

tres, on décrit deux circonférences, l'une avec un rayon de 27 millimètres, et l'autre avec un rayon de 22 millimètres, mener la corde commune et la mesurer.

Soit la droite AB de 4 centimètres (fig. 27). Du point A comme centre, avec un rayon de 27 millimètres, décrivons une circonférence, et

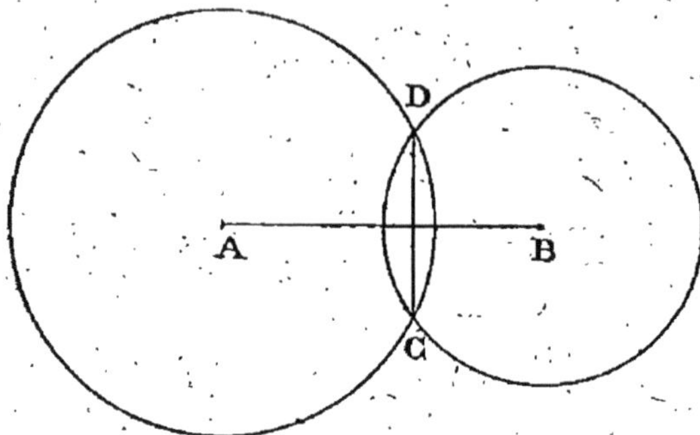

Fig. 27.

du point B, avec un rayon de 22 millimètres, décrivons une autre circonférence qui coupe la première aux deux points C et D, puisque $40 < 27 + 22$ et $40 > 27 - 22$. Joignons par une droite les points C et D; cette droite est la corde commune demandée.

Mesurons-la au moyen du compas et du double décimètre; nous trouvons CD = 28 mm. 5.

27. — *Inscrire, avec un rayon de 15 millimètres, une circonférence dans un angle de 43°.*

Soit A l'angle donné de 43° (fig. 28). Le centre de la circonférence

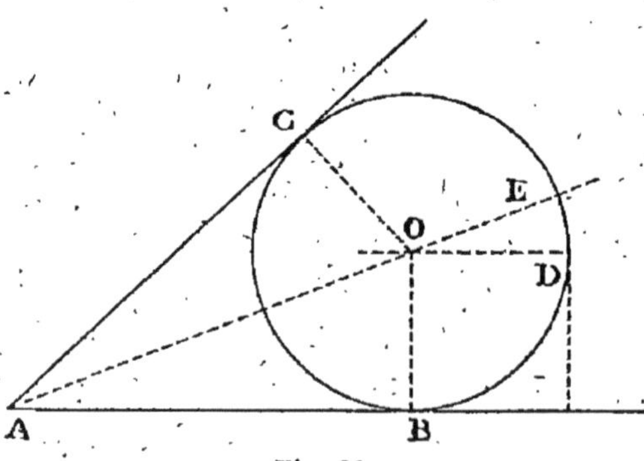

Fig. 28.

cherchée est sur la bissectrice de l'angle; menons donc cette bissectrice AE. Le centre O est, en outre, à 15 mm. de chacun des côtés de l'angle. D'un point D, situé à 15 mm. du côté AB, menons la parallèle à ce côté; elle rencontre la bissectrice en un point O qui est le centre cherché. De ce point O, avec un rayon de 15 millimètres, décrivons une circonférence; c'est la circonférence demandée. En effet, le point O appartenant à la parallèle DO à AB est situé à 15 millimètres de ce côté AB, et comme il appartient aussi à la bissectrice de l'angle A, il est également à 15 millimètres du côté AC. La circonférence menée est donc tangente aux deux côtés de l'angle.

28. — *Inscrire une circonférence dans un angle de 25°, sachant que le centre doit être à 3 centimètres du sommet de l'angle; mesurer le rayon.*

Soit BAC l'angle de 25° (fig. 29). Menons la bissectrice AD de cet angle et prenons sur cette ligne un point O à 3 centimètres du sommet A; puis, du point O, menons les perpendiculaires OE et OF aux deux côtés de l'angle; elles sont égales entre elles, puisque le point O est sur la bissectrice de l'angle. Du point O comme centre, avec OE comme rayon, décrivons une circonférence qui sera tangente aux deux côtés de l'angle, puisque toute perpendiculaire AE à l'extrémité d'un rayon OE est tangente à la circonférence. Mesurons enfin OE, au moyen du compas et du double décimètre; nous trouvons OE = 6 mm. 5.

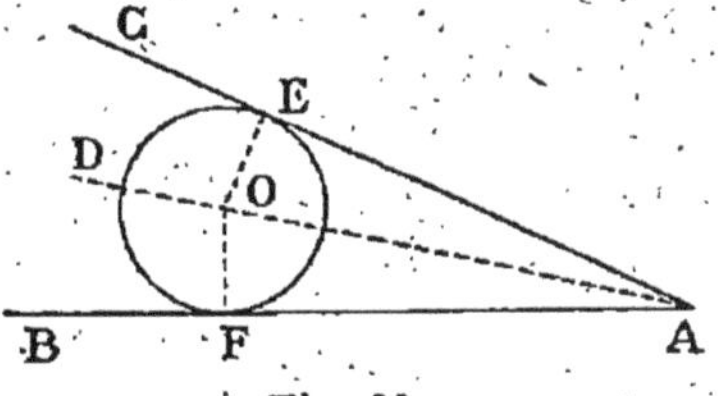

Fig. 29.

29. — *Faire passer une circonférence de 15 millimètres de rayon par un point donné et tangente à une droite donnée.*

Soient le point A et la droite MN; il s'agit de faire passer par le point A une circonférence de 15 mm. et qui soit tangente à MN (fig. 30).

En un point quelconque B de la droite MN, menons à MN la perpendiculaire BC, sur laquelle nous prenons une longueur BC de 15 millimètres, et, par le point C, menons la parallèle CD à MN. Du point A comme centre, avec un rayon de 15 millimètres, décrivons un arc de cercle qui rencon-

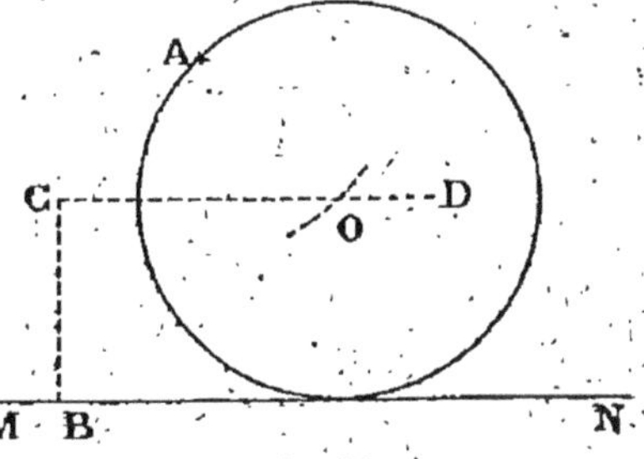

Fig. 30.

tre cette parallèle en O et, de ce point O comme centre, avec OA pour rayon, décrivons une circonférence : c'est la circonférence demandée.

En effet, la distance AO a bien 15 millimètres, et le point O, appartenant à la parallèle CO, est aussi à une distance de 15 millimètres de MN, puisque deux parallèles sont partout également distantes.

Le problème ne sera possible que si la distance du point A à la droite est au plus égale au double du rayon imposé.

30. — *On donne deux circonférences, l'une de 2 centimètres de rayon et l'autre de 3 centimètres de diamètre. Les centres sont à 5 centimètres l'un de l'autre. On demande de décrire une circonférence tangente aux deux premières avec un rayon de 35 millimètres.*

Soient O et O' les deux circonférences données (fig. 31), dont les rayons respectifs sont 2 cm. et 1 cm. 5, soit 20 et 15 mm. Il s'agit de

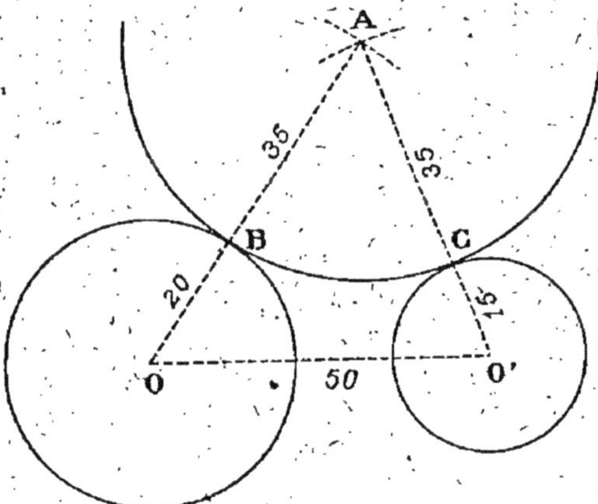

Fig. 31.

tracer une circonférence de 35 mm. de rayon, qui soit tangente à ces circonférences O et O'. Pour cela, du point O comme centre, avec un rayon de $20 + 35 = 55$ mm., décrivons un arc de cercle ; puis, du point O' comme centre, avec un rayon de $15 + 35 = 50$ mm., décrivons un second arc de cercle qui coupe le premier en A. De ce point A comme centre, avec un rayon de 35 mm., décrivons une circonférence ; c'est la circonférence demandée. Les droites OA, O'A déterminent en B et C les deux points de tangence.

31. — *Décrire une circonférence tangente à trois droites qui se coupent deux à deux.*

Soient les trois droites AB, AC et BC qui se coupent en A, B et C (fig. 32).

La question comprend deux cas, suivant que la circonférence cherchée sera à l'intérieur du triangle ABC ou extérieure à ce triangle.

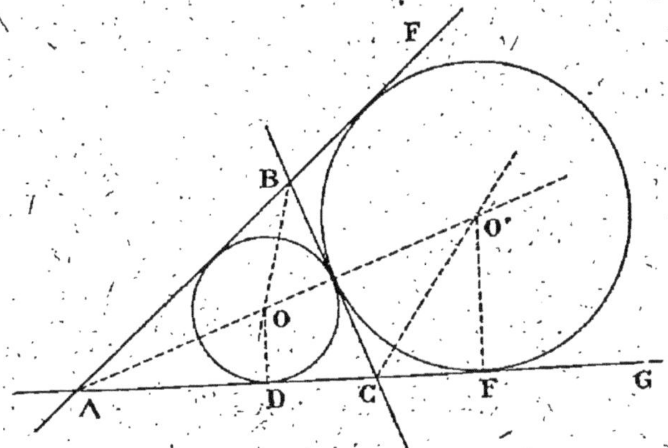

Fig. 32.

Le premier cas ayant été traité au n° 130 du Cours sous le titre : *Inscrire un cercle dans un triangle,* nous n'y reviendrons pas. La circonférence O répond à cette question.

2e Cas. Soit à décrire la circonférence tangente au côté BC et aux prolongements de AB et de AC.

Le centre O' de cette circonférence sera encore sur la bissectrice de l'angle A ; comme il doit être aussi sur la bissectrice de l'angle BCG, extérieur au triangle, menons cette bissectrice, qui rencontre AO en O'. C'est le centre de la circonférence cherchée. Son rayon O'E est donné par la perpendiculaire menée du point O' à l'une des trois droites données.

Remarque. — La solution complète du problème comporte deux autres circonférences, l'une tangente à AC et aux prolongements de BA et de BC, l'autre tangente à AB et aux prolongements de CA et de CB. La construction est d'ailleurs toujours la même.

32. — *Construire un triangle équilatéral de 27 millimètres de côté; mener deux hauteurs, les mesurer et dire où se trouve le point de rencontre de ces hauteurs.*

Sur une droite indéfinie MN, prenons deux points A et B distants de 27 millimètres (fig. 33). Des points A et B comme centres, avec un rayon de 27 millimètres, décrivons deux arcs de cercle qui se coupent en C; joignons par une droite les points A et C, par une autre droite les points B et C; le triangle ABC est le triangle demandé.

BIBLIOTHÈQUE NATIONALE R.F. IMPRIMÉS

Du point A, menons la perpendiculaire AD sur BC, et du point C menons CE perpendiculaire sur AB. Ces droites sont deux hauteurs,

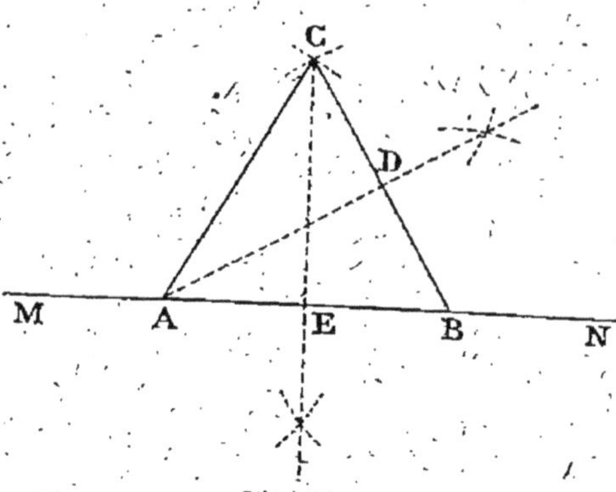

Fig. 33.

Elles ont chacune 23 millimètres de longueur. Leur point de rencontre est à la fois le point de rencontre des médianes et des bissectrices du triangle (cours, nº 101).

33. — *Construire un triangle dont les côtés ont respectivement 35, 40 et 45 millimètres; mesurer les angles et les hauteurs. Dans ce même triangle, mener deux bissectrices et dire où se trouve leur point de rencontre par rapport aux côtés de l'angle.*

Prenons deux points A et B distants de 45 millimètres l'un de l'autre (fig. 34) et menons la droite AB; nous avons ainsi l'un des côtés du triangle demandé. Du point B comme centre, avec un rayon de 35 millimètres, décrivons un arc de cercle, et du point A comme centre, avec un rayon de 40 millimètres, décrivons un nouvel arc de cercle qui coupe le premier en C.

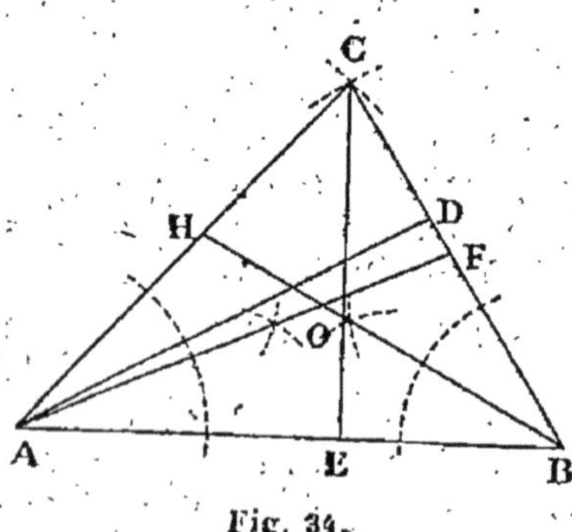

Fig. 34.

Menons les droites BC et AC, nous formons ainsi le triangle ABC dont les côtés ont bien 35, 40 et 45 millimètres. C'est donc le triangle demandé.

En mesurant les angles A et B à l'aide du rapporteur, on trouve $\widehat{A} = 49°$; $\widehat{B} = 59°$; alors $\widehat{C} = 180 - (49 + 59) = 72°$. La mesure directe de C donne aussi 72°. C'est une vérification.

Menons les hauteurs AD et CE; en les mesurant au moyen du compas et du double décimètre, on trouve AD = 38 millimètres et CE = 29 millimètres.

Menons les bissectrices AF et BH. Leur point de rencontre O sera situé à égale distance des trois côtés du triangle; en d'autres termes, le point O est le centre du cercle inscrit dans le triangle.

34. — *Construire un triangle dont l'un des côtés a 35 millimètres; l'un des angles adjacents à ce côté est de 39°, et la longueur de la médiane correspondante au côté connu est de 25 millimètres.*

Sur une droite indéfinie MN; prenons une longueur AB de 35 millimètres, et au point B (fig. 35) faisons un angle ABC de 39° (cours, n° 86).

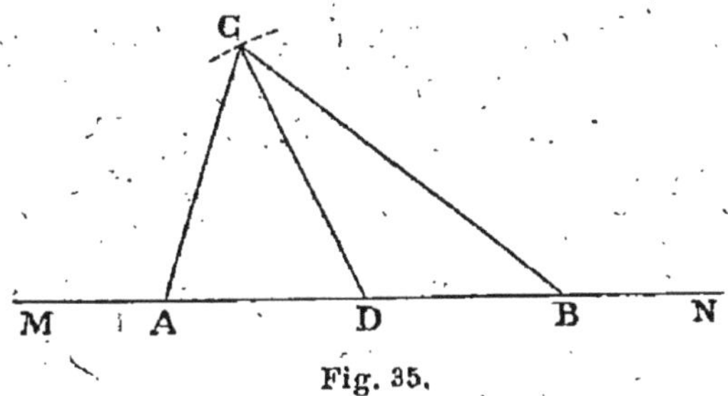

Fig. 35.

Prenons le milieu D de AB, et de ce point D comme centre, avec un rayon de 25 millimètres, décrivons un arc de cercle qui coupe BC en C. Menons la droite AC; le triangle ABC est le triangle demandé. En effet, le côté AB a bien 35 millimètres par construction; CD est la médiane, puisque le point D est le milieu du côté AB, elle a 25 millimètres par construction; enfin l'angle B a été construit de 39°.

35. — *Construire un triangle, sachant que deux côtés ont l'un 25 millimètres et l'autre 3 centimètres et que la hauteur comprise entre ces deux côtés a 2 centimètres.*

En un point quelconque D d'une droite indéfinie MN (fig. 36), élevons une perpendiculaire et prenons sur cette perpendiculaire, à partir du point D, une longueur DA de 2 centimètres. Du point A comme centre, avec un rayon de 25 millimètres, décrivons un arc de cercle qui coupe MN en B; du même point A comme centre, avec un rayon de 3 centimètres, décrivons un nouvel arc de cercle qui coupe MN en C. Menons les droites AB et AC, nous formons ainsi un triangle ABC qui est le triangle demandé. En effet, le côté AB a bien

construction, c'est bien le losange demandé. En mesurant le côté, on trouve AC=27 millimètres.

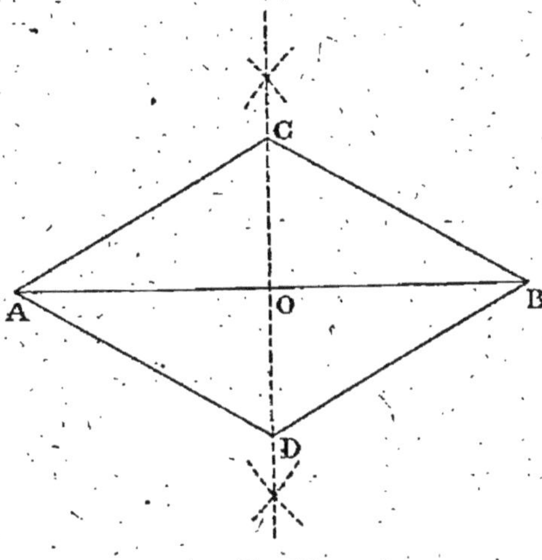

Fig. 38.

38. — *Construire un rectangle dont la diagonale a 40 millimètres et la base 37; mesurer la hauteur du rectangle.*

Soit une droite AC de 40 millimètres (fig. 39). Sur AC comme diamètre décrivons une circonférence, et des points A et C comme centres, avec un rayon de 37 millimètres, décrivons deux arcs de cercle qui coupent la circonférence en D et en B; menons les droites AB, BC, CD, DA. La figure ABCD est le rectangle demandé. Les triangles ABC, ADC sont rectangles, puisque les angles B et D sont droits comme inscrits dans un demi-cercle; ces triangles sont égaux comme ayant l'hypoténuse égale et un côté de l'angle droit égal (cours, n° 108), donc $\widehat{BAC} = \widehat{ACD}$. Ces angles sont alternes-internes par rapport aux droites AB, CD coupées par la sécante AC; ces deux droites sont donc parallèles.

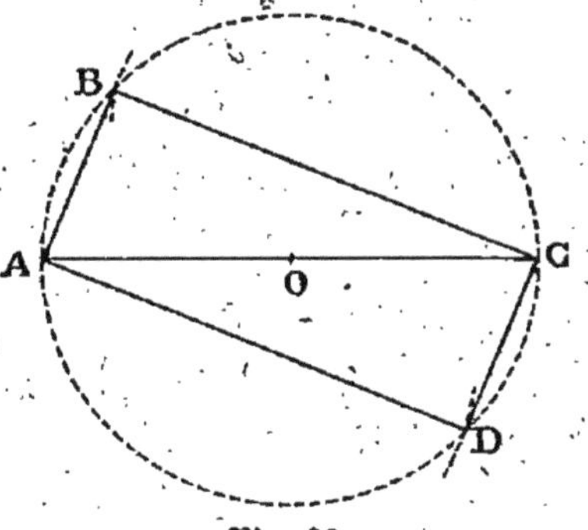

Fig. 39.

On démontrerait de même que AD est parallèle à CB. Le quadrilatère ABCD, ayant ses côtés opposés parallèles deux à deux, est un parallélogramme; les angles B et D étant droits, le parallélogramme devient un rectangle :

Mesurant AB ou CD, on trouve AB = CD = 15 millimètres.

39. — *Construire un parallélogramme dont les deux côtés auront 30 et 15 millimètres, et l'une des diagonales 28 millimètres.*

Soit une droite AC de 28 millimètres (fig. 40) : Du point A comme centre, avec un rayon de 30 millimètres, et du point C comme centre, avec un rayon de 15 millimètres, décrivons deux arcs de cercle qui se rencontrent en B; menons les droites AB et BC. Par le point A, menons la parallèle à BC, et par le point C la parallèle à AB; elle rencontre la première en D. La figure ABCD est le parallélogramme demandé. En effet, le quadrilatère a ses côtés opposés parallèles; c'est donc un parallélogramme, et il a bien, par construction, les dimensions demandées.

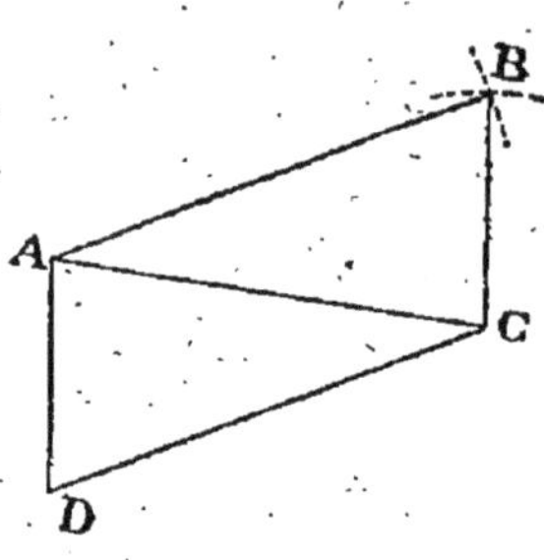

Fig. 40.

Remarque. — On aurait pu obtenir le point D comme le point B en prenant pour centre le point C. Le quadrilatère ABCD aurait encore été un parallélogramme, comme ayant ses côtés opposés égaux.

40. — *Inscrire un hexagone régulier dans un cercle de 15 millimètres de rayon.*

Construisons une circonférence de 15 millimètres de rayon et portons ce rayon six fois sur la circonférence. Joignons successivement les points obtenus, nous aurons l'hexagone régulier demandé (cours, n° 192).

41. — *Partager une circonférence en 10 parties égales et joindre les points de division de trois en trois. On obtient le décagone régulier étoilé. Mesurer le côté et calculer la valeur de l'angle de ce décagone.*

Voir la solution de cet exercice à la page 199 du cours.

En prenant un rayon de 22 millimètres, on obtient en OG (Remarque III) le côté du décagone régulier convexe, dont la longueur portée 10 fois sur la circonférence O, de 22 millimètres de rayon, partagera cette circonférence en 10 parties égales (fig. 41).

En mesurant le côté AD, par exemple, on trouve AD = 36 millimètres.

Calculons maintenant la valeur de l'angle A. On sait qu'il a la même mesure que la moitié de l'arc compris entre ses côtés ou

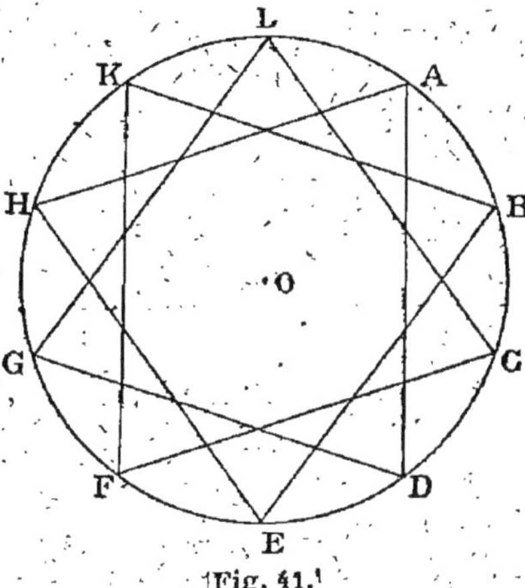

(Fig. 41.)

HGFED. Or, cet arc comprend 4 divisions de la circonférence; il a donc $36° \times 4 = 144$ degrés; donc l'angle A aura $\frac{144°}{2} = 72$ degrés.

Problèmes numériques.

42. — *Calculer la longueur d'une circonférence de 0 m. 75 de rayon.*

La longueur du diamètre est de :

$$0 \text{ m. } 75 \times 2 = 1 \text{ m. } 50.$$

La longueur de la circonférence est donc (cours, n° 53) de :

$$1 \text{ m. } 50 \times 3{,}1416 = 4 \text{ m. } 712.$$

43. — *Calculer la longueur d'une circonférence de 0 m. 95 de diamètre.*

La longueur de la circonférence est (cours, n° 53) :

$$0 \text{ m. } 95 \times 3{,}1416 = 2 \text{ m. } 984.$$

44. — *Calculer le rayon d'une circonférence de 575 m. 25.*

Puisque la longueur d'une circonférence est égale au produit du diamètre par le nombre π, le rayon d'une circonférence sera égal à la longueur de la circonférence divisée par 2 fois le nombre π. On aura donc :

$$\text{Rayon cherché} = \frac{575 \text{ m. } 25}{2 \times 3{,}1416} = 91 \text{ m. } 553.$$

45. — *Calculer le diamètre d'une circonférence de 35 m. 57.*

D'après le problème précédent, on aura :

$$\text{Diamètre} = \frac{35 \text{ m. } 57}{3{,}1416} = 11 \text{ m. } 322.$$

46. — *Calculer le rayon et le diamètre de la Terre, en supposant que les méridiens soient des circonférences.*

On sait que le méridien de la Terre a une longueur de 40000 kilomètres ; on aura donc :

$$\text{Diamètre} = \frac{40000 \text{ km.}}{3{,}1416} = 12732 \text{ km.}$$

$$\text{Rayon} = \frac{40000 \text{ km.}}{2 \times 3{,}1416} = 6366 \text{ km.}$$

47. — *Calculer la longueur d'un arc de 35° pris sur une circonférence de 8 m. 72 de rayon.*

La longueur de cette circonférence est :

$$\text{Circonférence} = 8 \text{ m. } 72 \times 2 \times 3{,}1416 = 54 \text{ m. } 789,$$

Or, si 360° ont une longueur de 54 m. 789,

un arc de 1° aura une longueur de $\frac{54 \text{ m. } 789}{360}$

et un arc de 35° aura une longueur de $\frac{54 \text{ m. } 789 \times 35}{360} = 5 \text{ m. } 327.$

48. — *Calculer le rayon d'une circonférence, sachant qu'un arc de 38 degrés a une longueur de 24 m. 75.*

Si un arc de 38° est long de 24 m. 75,

un arc de 1° est long de $\frac{24 \text{ m. } 75}{38}$,

et 360° vaudront $\frac{24 \text{ m. } 75 \times 360}{38} = 234 \text{ m. } 473.$

Le rayon cherché sera $\frac{234 \text{ m. } 473}{2 \times 3{,}1416} = 37 \text{ m. } 317.$

49. — *Quelle est la valeur de l'arc correspondant au côté de l'hexagone régulier inscrit dans un cercle?*

L'arc de l'hexagone régulier est contenu six fois exactement dans la circonférence entière; sa valeur sera donc : $\frac{360°}{6} = 60°$.

50. — *Une voiture dont la roue a un rayon de 0 m. 57 a parcouru 5 kilomètres; on demande le nombre de tours qu'a faits cette roue.*

Quand la roue fait un tour, elle parcourt une distance égale à la longueur de sa circonférence, c'est-à-dire 0 m. $57 \times 2 \times 3{,}1416$ ou 3 m. 581. Autant de fois 3,581 seront contenus dans 5000, autant la roue aura fait de tours. En opérant la division, on trouve 1396 tours.

Le nombre de tours faits par la roue est 1396.

DEUXIÈME ANNÉE

51. — *Trouver une quatrième proportionnelle aux nombres 4, 8 et 9.*

Si nous appelons x cette quatrième proportionnelle, on devra avoir par définition :

$$\frac{4}{8}=\frac{9}{x}.$$

Egalons le produit des extrêmes à celui des moyens; nous aurons :

$$4\times x=8\times 9.$$

Divisons de part et d'autre par 4; il vient :

$$x=\frac{8\times 9}{4}=18.$$

52. — *Trouver une moyenne proportionnelle aux nombres 4 et 9.*

Soit x cette moyenne proportionnelle; on devra avoir par définition :

$$x^2=4\times 9.$$

En extrayant la racine carrée de chaque membre de cette égalité on a :

$$x=\sqrt{4\times 9}=\sqrt{36}=6.$$

53. — *Trouver une troisième proportionnelle aux nombres 4 et 8.*

Soit x cette troisième proportionnelle; on devra avoir par définition :

$$\frac{4}{8}=\frac{8}{x}.$$

En égalant le produit des extrêmes à celui des moyens, on a :

$$4 \times x = 8 \times 8,$$

ou, en divisant les deux membres par 4 :

$$x = \frac{8 \times 8}{4} = 2 \times 8 = 16.$$

54. — *Partager une droite donnée en 7 parties égales.*

Soit la droite donnée AB qu'il faut partager en 7 parties égales (fig. 42).

Du point A menons une droite AC faisant avec AB un angle quelconque et portons sur AC, à partir du point A, sept longueurs arbi-

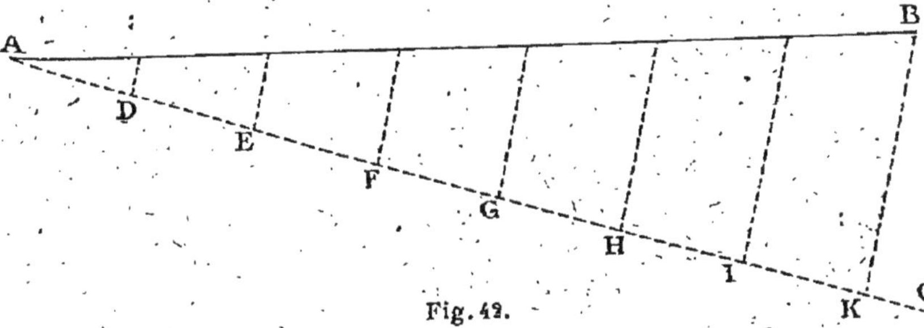

Fig. 42.

traires égales AD, DE, EF, IK... Joignons le dernier point obtenu K au point B et par chacun des points de division, D, E, F, G, H, I, menons la parallèle à BK. Ces parallèles diviseront AB en sept parties égales, car, les segments de AC étant égaux, les segments de AB le seront aussi.

55. — *Dans la figure 172 du cours, supposons BD = 148 mèt., AD = 98 mèt. et BE = 160 mètres; quelle sera la longueur de EC?*

On sait que toute parallèle à l'un des côtés d'un triangle divise les deux autres côtés en parties proportionnelles (cours, n° 220). Donc dans la figure 172 du cours on a :

$$\frac{BD}{AD} = \frac{BE}{CE}.$$

En égalant le produit des extrêmes à celui des moyens, on a :

$$BD \times CE = AD \times BE$$

et si l'on divise les deux membres par BD, il vient :

$$CE = \frac{AD \times BE}{BD}.$$

Remplaçant AD, BE et BD par les valeurs données, on a :

$$EC = \frac{98 \times 160}{148} = \frac{98 \times 40}{37} = 105 \text{ m. } 94 \text{ à un centimètre près.}$$

56. — *Dans la figure 173 du cours, supposons BF = 35 mèt., FH = 42 mèt., HD = 37 mèt., et AE = 40 mètres. Calculer EG et GC.*

Plusieurs parallèles interceptent sur deux droites qu'elles rencontrent des segments proportionnels (cours, n° 221).

Donc, d'après la figure 137 du cours, nous pouvons écrire :

$$\frac{AE}{BF} = \frac{EG}{FH} = \frac{GC}{HD}.$$

De la proportion $\frac{AE}{BF} = \frac{EG}{FH}$, on tire : $AE \times FH = EG \times BF$,

d'où :

$$EG = \frac{AE \times FH}{BF}.$$

En remplaçant AE, FH et BF par les valeurs données.

on a : $$EG = \frac{40 \times 42}{35} = \frac{8 \times 42}{7} = 8 \times 6 = 48 \text{ mètres.}$$

Nous avons aussi :

$$\frac{AE}{BF} = \frac{GC}{HD};$$

d'où l'on tire : $BF \times GC = AE \times HD$,

et

$$GC = \frac{AE \times HD}{BF},$$

et en remplaçant AE, HD et BF par les valeurs données,

$$GC = \frac{40 \times 37}{35} = \frac{8 \times 37}{7} = \frac{296}{7} = 42{,}28.$$

Réponses. — EG = 48 mètres.
GC = 42 m. 28.

57. — *Dans la figure 176 du cours, supposons AB = 50 mètres, BC = 65 mètres, AC = 55 mètres et BD = 35 mètres; calculer DE et BE.*

Les triangles ABC et BDE étant semblables, leurs côtés homologues sont proportionnels, et on peut écrire :

1° $\frac{AB}{BD}=\frac{AC}{DE}$ ou $\frac{50}{35}=\frac{55}{DE}$;

d'où $DE=\frac{BD\times AC}{AB}=\frac{35\times 55}{50}=\frac{35\times 11}{10}=\frac{385}{10}=38$ m. 50.

2° $\frac{AB}{BD}=\frac{BC}{BE}$ ou $\frac{50}{35}=\frac{65}{BE}$;

d'où : $BE=\frac{BD\times BC}{AB}=\frac{35\times 65}{50}=\frac{7\times 65}{10}=\frac{455}{10}=45{,}55$.

Réponses. — DE = 38 m. 50
BE = 45 m. 55.

58. — *Dans la figure 177 du cours, supposons AB = 25 m., BC = 22 m., CD = 19 m., ED = 30 m., AE = 28 m. et A′B′ = 13 m.: Calculer B′C′, C′D′, E′D′ et A′E′.*

Les deux polygones ABCDE, A′B′C′D′E′ étant semblables, leurs côtés homologues sont proportionnels, et l'on a :

$$\frac{AB}{A'B'}=\frac{BC}{B'C'}=\frac{CD}{C'D'}=\frac{DE}{D'E'}=\frac{AE}{A'E'}.$$

Des deux premiers rapports on tire

$$\frac{AB}{A'B'}=\frac{BC}{B'C'} \quad \text{ou} \quad \frac{25}{13}=\frac{22}{B'C'}$$

d'où $B'C'=\frac{13\times 22}{25}=11$ m. 44.

Le premier et le troisième rapport donnent :

$$\frac{AB}{A'B'}=\frac{CD}{C'D'} \quad \text{ou} \quad \frac{25}{13}=\frac{19}{C'D'},$$

d'où $C'D'=\frac{13\times 19}{25}=9$ m. 88.

Le premier et le quatrième rapport donnent :

$$D'E'=\frac{13\times 30}{25}=15 \text{ m. } 60,$$

enfin le premier et le cinquième rapport donnent :

$$A'E'=\frac{13\times 28}{25}=14 \text{ m. } 56.$$

59. — *Calculer la surface d'un plancher de forme carrée, sachant que le côté a 6 m. 25.*

L'aire d'un carré a pour mesure le carré du nombre exprimant la mesure de son côté (cours, n° 250), donc

la surface du plancher $= 6 \text{ m. } 25 \times 6 \text{ m. } 25 = 39 \text{ m}^2\, 0625$.

60. — *Calculer la surface d'une table rectangulaire, sachant que la longueur est de 1 m. 75 et la largeur 0 m. 95.*

L'aire d'un rectangle a pour mesure le produit des nombres qui expriment la mesure de sa base et de sa hauteur (cours, n° 250).

En appelant S la surface cherchée, on aura donc

$$S = 1 \text{ m. } 75 \times 0 \text{ m. } 95 = 1 \text{ m}^2\, 6625.$$

61. — *La surface d'un rectangle est 492972 mètres carrés; sa base est de 872 m. 50; quelle est sa hauteur?*

En appelant S la surface, b la base et h la hauteur, on sait (cours, n° 250) que :

$$b \times h = S.$$

Divisons les deux membres de cette égalité par b, nous aurons :

$$h = \frac{S}{b},$$

et, en remplaçant S et b par les valeurs données dans l'énoncé,

$$h = \frac{492972}{872{,}50} = 565 \text{ m. } 01.$$

62. — *On voudrait connaître la surface d'un rectangle dont la base est de 12 mètres et la diagonale de 21 mètres.*

Soit le rectangle ABCD (fig. 43) dans lequel on connaît la base DC et la diagonale BD, il faut déterminer la hauteur BC.

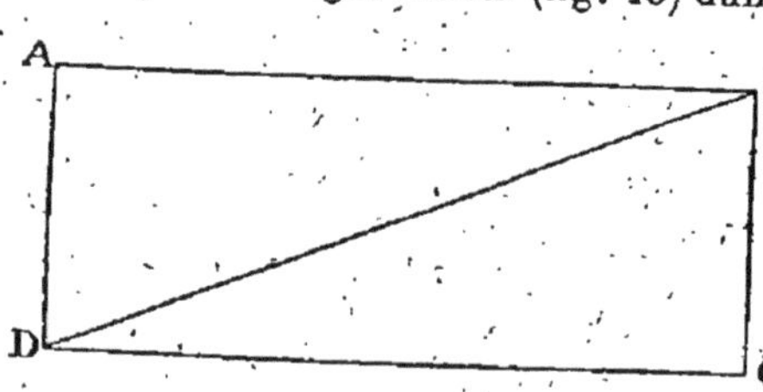

Fig. 43.

Considérons le triangle rectangle BDC.

Dans ce triangle (cours, n° 279), le carré construit sur un des côtés de l'angle droit est équivalent au carré construit sur l'hypoténuse, diminué du carré construit sur l'autre côté. Nous aurons donc l'égalité :

$$\overline{BC}^2 = \overline{BD}^2 - \overline{DC}^2,$$

et, en remplaçant BD et DC par leur valeur,

$$\overline{BC}^2 = 21^2 - 12^2 = 441 \text{ m}^2 - 144 \text{ m}^2 = 297 \text{ m}^2,$$

d'où $BC = \sqrt{297} = 17$ m. 23.

Connaissant la longueur de BC, nous pouvons déterminer la surface cherchée :

On a (cours, n° 250) :

$$\text{Surface rectangle} = DC \times BC\,;$$

ou, en remplaçant DC et BC par leurs valeurs :

$$\text{Surface rectangle} = 12 \times 17{,}23 = 206 \text{ m}^2\ 76.$$

63. — *Trouver en hectares, ares et centiares, la surface d'un clos carré ayant 95 m. 25 de côté.*

L'aire d'un carré a pour mesure le carré du nombre exprimant la mesure de son côté (cours, n° 251).

On a : $S = c^2 = 95{,}25 \times 95{,}25 = 9072 \text{ m}^2\ 5625$

ou : $S = 0$ Ha. 90 a. 72 ca., à 1 centiare près.

64. — *Quel est le côté d'un carré dont la diagonale a 7 m. 50?*

Soit le carré ABCD (fig. 43). Considérons le triangle ABC; ce triangle est rectangle en B. Or on sait (cours, n° 277) que le carré de l'hypoténuse est équivalent à la somme des carrés des deux autres côtés.

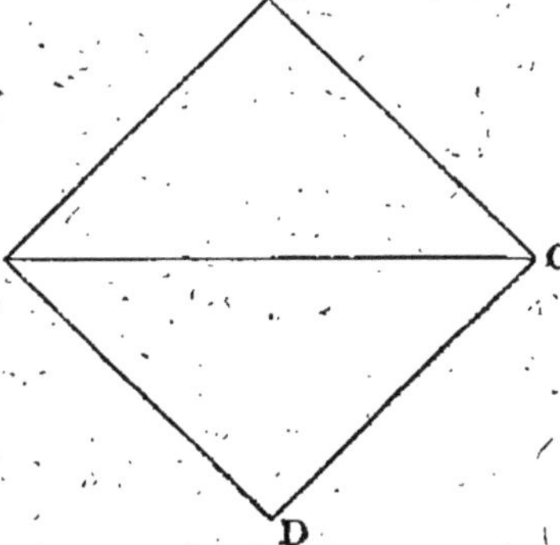

Fig. 44.

On a donc : $\overline{AC}^2 = \overline{AB}^2 + \overline{BC}^2$ et comme $BC = AB$, on a :

$$\overline{AC}^2 = \overline{AB}^2 + \overline{AB}^2 = \overline{AB}^2 \times 2$$

ou, en divisant par 2 de part et d'autre :

$$\frac{\overline{AC}^2}{2} = \overline{AB}^2.$$

Remplaçant AC par sa valeur 7 m. 50, il vient :

$$\overline{AB}^2 = \frac{7{,}50 \times 7{,}50}{2} = \frac{56{,}25}{2} = 28 \text{ m}^2\ 1250.$$

Extrayant la racine carré de chaque membre.

$$AB = \sqrt{28 \text{ m}^2\ 1250} = 5 \text{ m. } 30.$$

Réponse. — Le côté du carré demandé à 5 m. 30.

65. — *La base d'un triangle est de 8 m. 50 et sa hauteur 7 mètres; quelle est la surface de ce triangle?*

On a : $S = \frac{b \times h}{2} = \frac{8,50 \times 7}{2} = 29 \text{ m}^2\ 75$ (cours, n° 253).

66. — *Un terrain de forme triangulaire contient 896 mètres carrés; la base a 47 mètres; quelle est sa hauteur?*

On sait (cours, n° 253) que : $S = \frac{b \times h}{2}$,

ou en multipliant par 2 de part et d'autre : $2 \times S = b \times h$;

et, en divisant par b de part et d'autre : $\frac{2 \times S}{b} = h$.

Remplaçant b et S par leur valeur, on a :

$$h = \frac{896 \times 2}{47} = 38 \text{ m. } 12.$$

67. — *Un losange a pour diagonale 8 m. 90 et 13 m. 20; quelle est sa surface?*

L'aire d'un losange a pour mesure la moitié du produit des nombres exprimant la mesure de ses deux diagonales (cours, n° 257).

Si nous appelons a et b les deux diagonales, nous aurons :

$$S = \frac{ab}{2} = \frac{8,90 \times 13,20}{2} = 58 \text{ m}^2\ 74.$$

68. — *La surface d'un losange est de 3754 mètres carrés; sa petite diagonale est de 23 mètres; quelle est la longueur de la grande?*

D'après le problème précédent, on a :

$$S = \frac{ab}{2},$$

d'où : $2S = ab$,

et : $\frac{2S}{a} = b$,

ou : $\frac{2 \times 3754}{23} = b$,

et, en opérant, $b = 326 \text{ m. } 43$.

Réponse. — La grande diagonale a 326 m. 43.

69. — *Un vitrier a posé un carreau en forme de losange qu'il a fait payer comme s'il était rectangulaire à raison de 0 fr. 25 le décimètre carré; les diagonales de ce carreau ont l'une 0 m. 70, l'autre 0 m. 48. Quel est le prix de ce carreau?*

Le vitrier a fait payer le carreau comme s'il était rectangulaire, c'est-à-dire comme si le carreau avait été un rectangle de 0 m. 70 de longueur sur 0 m. 48 de largeur; sa surface est alors de :

$$S = 0{,}70 \times 0{,}48 = 0 \text{ m}^2\ 3360 = 33 \text{ dm}^2\ 60.$$

Si le prix d'un décimètre carré est de 0 fr. 25, celui de 33 dm² 60 sera :

$$0 \text{ fr. } 25 \times 33{,}60 = 8 \text{ fr. } 40.$$

70. — *Un triangle dont la base est double de la hauteur a pour surface 15 Ha. 92 ares; quelle est chacune de ses dimensions?*

L'aire d'un triangle a pour mesure la moitié du produit des nombres qui expriment la mesure de sa base et de sa hauteur (cours, n° 253); on a donc, en représentant la base par a et la hauteur par h :

$$S = \frac{ah}{2};$$

d'autre part, puisque la base est double de la hauteur, on a :

$$a = 2h \quad \text{ou} \quad h = \frac{a}{2}; \quad \text{donc :}$$

$$S = \frac{ah}{2} = \frac{a \times \frac{a}{2}}{2} = \frac{a^2}{4}; \text{, dès lors :}$$

$$a^2 = 4S \quad \text{et} \quad a = \sqrt{4S} = \sqrt{4 \times 15{,}92} = 7 \text{ m. } 98.$$

RÉPONSE. — La base a 7 m. 98, et la hauteur $\frac{7 \text{ m. } 98}{2} = 3 \text{ m. } 99.$

71. — *Un trapèze a pour bases deux parallèles, l'une de 30 m. 50; l'autre de 156 m. 40, et sa hauteur est de 98 m. 25; quelle est sa surface?*

L'aire d'un trapèze a pour mesure le produit qu'on obtient en multipliant la demi-somme des nombres exprimant la mesure de ses bases par le nombre exprimant la mesure de sa hauteur (cours, n° 258).

Ainsi en représentant la grande base par B, la petite base par b et la hauteur par h, on a :

$$S = \frac{B + b}{2} \times h = \frac{156 \text{ m. } 40 + 30 \text{ m. } 50}{2} \times 98 \text{ m. } 25$$

$$= 9181 \text{ m}^2 \, 4625.$$

72. — *Un triangle rectangle a pour côtés de l'angle droit deux lignes, l'une de 20 mètres, l'autre de 30 mètres; quelle est la longueur de l'hypoténuse?*

On sait que le carré construit sur l'hypoténuse d'un triangle rectangle est équivalent à la somme des carrés construits sur les deux autres côtés (cours, n° 277). Si nous représentons par a l'hypoténuse et par b et c les deux autres côtés, nous aurons :

$$a^2 = b^2 + c^2 = 20^2 + 30^2 = 400 + 900 = 1300 \text{ m}^2$$

d'où :

$$a = \sqrt{1300} = 36 \text{ m. } 05.$$

73. — *Quelle est la surface d'un triangle isocèle dont l'un des côtés de l'angle droit a 15 m. 25 ?*

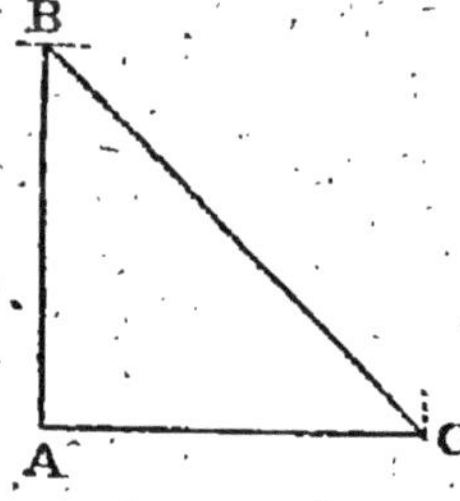

Fig. 45.

On sait que l'aire d'un triangle a pour mesure la moitié du produit des nombres qui expriment la mesure de sa base et de sa hauteur (cours, n° 253). Soit le triangle ABC (fig. 44), dans lequel AB = AC. Si nous prenons le côté AC comme base, la hauteur sera AB et alors la surface sera :

$$S = \frac{AC \times AB}{2} = \frac{15 \text{ m. } 25 \times 15 \text{ m. } 25}{2}$$

$$= 116 \text{ m}^2 \, 2812.$$

74. — *Quelle est la surface d'un triangle rectangle isocèle dont l'hypoténuse a 75 mètres?*

Soit le triangle rectangle isocèle ABC (fig. 45), dans lequel on connaît l'hypoténuse BC = 75 mètres. Commençons par calculer AB et AC.

On sait que le carré construit sur l'hypoténuse est équivalent à la somme des carrés construits sur les deux autres côtés (cours, n° 277), c'est-à-dire, que :

$$\overline{BC}^2 = \overline{AB}^2 + \overline{AC}^2,$$

et comme AB = AC, on a : $\overline{BC}^2 = 2\overline{AB}^2$, d'où : $$\overline{AB}^2 = \frac{\overline{BC}^2}{2} = \frac{75^2}{2}.$$

En nous reportant au problème précédent, nous trouverons pour la surface cherchée :

$$S = \frac{AB \times AB}{2} = \frac{\overline{AB}^2}{2} = \frac{\frac{75^2}{2}}{2} = \frac{75^2}{4}$$
$$= 1406 \text{ m}^2\ 25.$$

75. — *Un triangle équilatéral a 15 mètres de côté; quelle est sa surface?*

Soit le triangle équilatéral ABC (fig. 46). Représentons le côté par a et cherchons la hauteur $AH = h$.

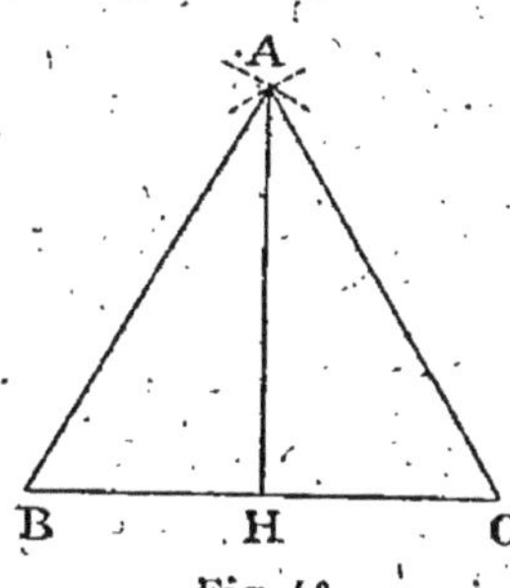

Fig. 46.

Dans le triangle rectangle AHC, on a (cours, n° 277) :

$$\overline{AC}^2 = \overline{AH}^2 + \overline{HC}^2$$

ou : $$a^2 = h^2 + \frac{a^2}{4};\quad \text{par suite,}$$

$$h^2 = a^2 - \frac{a^2}{4},$$

ou encore : $$h^2 = \frac{4a^2}{4} - \frac{a^2}{4} = \frac{3a^2}{4},$$

d'où : $$h = \frac{a\sqrt{3}}{2}.$$

La surface du triangle sera donc :

$$S = \frac{a \times h}{2} = \frac{a \times \frac{a\sqrt{3}}{2}}{2} = \frac{a^2\sqrt{3}}{4} = \frac{15^2 \times 1{,}732}{4} = 97 \text{ m}^2\ 4250.$$

76. — *Un triangle isocèle a 4 mètres de hauteur; sa base est de 6 mètres; quelle est la longueur des côtés égaux ?*

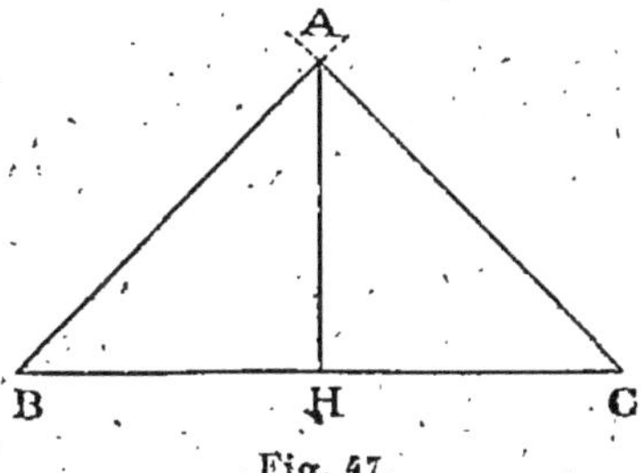

Fig. 47.

Soit le triangle isocèle ABC (fig. 47) de hauteur AH.

Dans le triangle rectangle AHC (cours, n° 277) :

$$\overline{AC}^2 = \overline{HC}^2 + \overline{AH}^2,$$

d'où $\overline{AC}^2 = 9 \text{ m}^2 + 16 \text{ m}^2 = 25 \text{ m}^2$,

et $AC = \sqrt{25} = 5$ m.

77. — *Un triangle a une base de 12 mètres et une hauteur de 7 mètres; on demande sa surface et la longueur des deux autres côtés, si la hauteur tombe à 4 mètres de l'une des extrémités de la base.*

Soit le triangle ABC (fig. 48), dont la hauteur AD a son pied D situé à 4 mètres du point B.

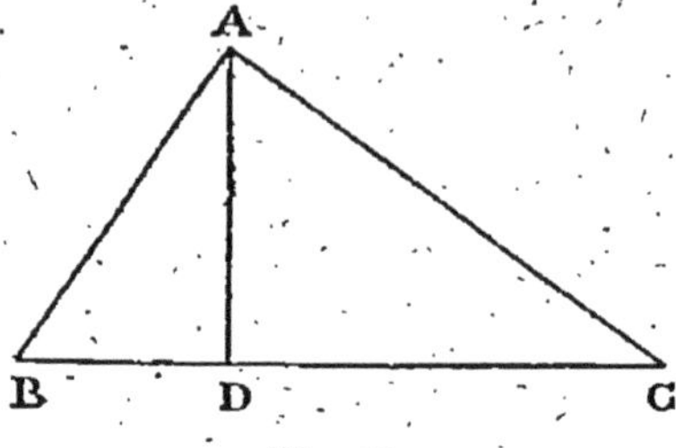

Fig. 48.

On sait (cours, n° 253) que l'aire d'un triangle a pour mesure la moitié du produit des nombres qui expriment la mesure de sa base et de sa hauteur. Nous aurons donc

$$S = \frac{BC \times AD}{2} = \frac{12 \times 7}{2} = 6 \times 7$$

$$= 42 \text{ m}^2.$$

D'autre part, le triangle ABD est un triangle rectangle et (cours, n° 277)

on a : $\overline{AB}^2 = \overline{BD}^2 + \overline{AD}^2$ ou $\overline{AB}^2 = 16 \text{ m}^2 + 49 \text{ m}^2 = 65 \text{ m}^2$,

d'où $$AB = \sqrt{65} = 8 \text{ m. } 062.$$

Pour la même raison, on aura, dans le triangle rectangle ADC,

$$\overline{AC}^2 = \overline{DC}^2 + \overline{AD}^2 = 64 \text{ m}^2 + 49 \text{ m}^2 = 113 \text{ m}^2,$$

d'où $$AC = \sqrt{113} = 10 \text{ m. } 63.$$

Réponses. — La surface du triangle est 42 mètres carrés et les longueurs des autres côtés sont : AB = 8 m. 062 et AC = 10 m. 63.

78. — *On a mesuré les trois côtés d'un triangle et on a trouvé 25 m. 20, 48 m. 75 et 54 m. 60. Quelle est la surface de ce triangle ?*

D'après la remarque III (cours, n° 256) on a la formule :

$$S = \sqrt{p(p-a)(p-b)(p-c)},$$

dans laquelle S représente la surface du triangle,
p — le demi-périmètre,
a, b et c — les trois côtés.

En remplaçant les nombres p, a, b et c par leur valeur, on a :

$$S = \sqrt{64{,}275\,(64{,}275 - 25{,}20)\,(64{,}275 - 48{,}75)\,(64{,}275 - 54{,}60)}$$
$$= \sqrt{64{,}275 \times 39{,}075 \times 15{,}525 \times 9{,}675}$$
$$= \sqrt{377245{,}1406} = 614 \text{ m}^2\ 20.$$

79. — *Un parterre a la forme d'un hexagone régulier dont le côté a 2 m. 25 de long; quelle sera la surface de ce parterre?*

L'aire d'un polygone régulier a pour mesure le produit qu'on obtient en multipliant le nombre qui exprime la mesure de son périmètre par la moitié du nombre exprimant celle de son apothème. Puisque nous connaissons le côté, nous pourrons connaître le périmètre en multipliant ce côté par 6. Il faut maintenant calculer l'apothème.

On sait (cours, n° 192) que si l'on joint le centre de l'hexagone régulier aux 6 sommets, on décompose le polygone en 6 triangles équilatéraux égaux; il nous suffit donc de chercher la hauteur d'un triangle équilatéral connaissant le côté.

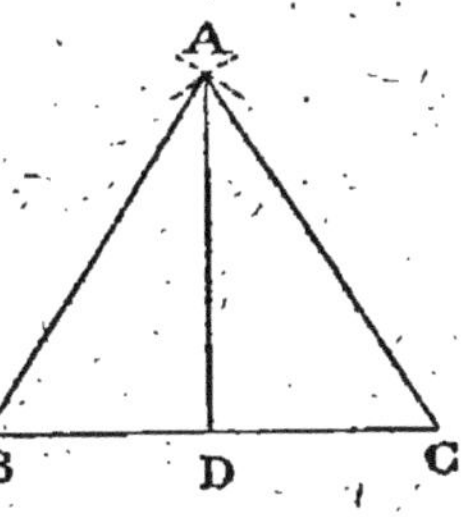

Fig. 49.

Soit un triangle équilatéral ABC et AD sa hauteur (fig. 49). Dans le triangle rectangle ADC, on a (cours, n° 279) :

$$\overline{AD}^2 = \overline{AC}^2 - \overline{DC}^2.$$

Or, $DC = \frac{AC}{2}$; donc $\overline{AD}^2 = \overline{AC}^2 - \frac{\overline{AC}^2}{4} = \frac{3\overline{AC}^2}{4}$

et
$$AD = \frac{AC\sqrt{3}}{2}.$$

L'apothème cherché sera donc égal au demi-produit du côté de l'hexagone multiplié par $\sqrt{3}$.

Dans l'exemple donné, il est égal à :

$$\frac{2 \text{ m. } 25 \times \sqrt{3}}{2} = \frac{2 \text{ m. } 25 \times 1{,}732}{2} = 1 \text{ m. } 948.$$

Dès lors, la surface cherchée sera :

$$\frac{2{,}25 \times 6 \times 1{,}948}{2} = 13 \text{ m}^2\ 15.$$

80. — *Un rectangle a 20 m. 25 de long sur 14 m. 25 de large; si l'on double ces dimensions, quelle sera la surface du nouveau rectangle?*

En doublant les dimensions du rectangle donné, on obtient un second rectangle semblable au premier, puisque leurs angles sont égaux comme droits et leurs côtés homologues proportionnels. Or, on sait que si deux rectangles sont semblables, leurs surfaces sont entre elles comme les carrés de deux côtés homologues (cours, n° 271).

Si nous représentons par S et par a la surface et la longueur du premier rectangle, par X et par $2a$ la surface et la longueur du deuxième, nous aurons :

$$\frac{S}{X}=\frac{a^2}{(2a)^2}=\frac{a^2}{4a^2},$$

ou, en simplifiant : $$\frac{S}{X}=\frac{1}{4}.$$

Égalant le produit des extrêmes à celui des moyens, on a :

$$X\times 1=S\times 4.$$

Or la surface du premier rectangle est :

20 m. 25 × 14 m. 25 = 288 m² 5625.

La surface demandée sera donc : 288 m² 5625 × 4 = 1154 m² 25.

81. — *Un appartement a 5 m. 40 de long sur 3 m. 75 de large et 2 m. 75 de hauteur; combien faudra-t-il de rouleaux de papier pour le tapisser, si chaque rouleau a 10 mètres de long sur 0 m. 55 de large? On sait en outre qu'il y a deux croisées de 1 m. 85 de hauteur sur 1 m. 35 de large et une porte de 2 m. 05 de haut sur 1 m. 15 de large.*

Cherchons d'abord la surface totale de l'appartement à tapisser. Le périmètre de la base sera :

5 m. 40 × 2 + 3 m. 75 × 2 = (5 m. 40 + 3 m. 75) × 2 = 18 m. 30.

La surface de l'appartement sera donc

18 m. 30 × 2 m. 75 = 50 m² 3250,

dont il convient de retrancher la surface des deux croisées et de la porte.

Surface d'une croisée :

1 m. 35 × 1 m. 85 = 2 m² 4975.

Soit, pour 2 croisées : 2 m², 4975 × 2 = 4 m² 9950.

Surface de la porte :

2 m. 05 × 1 m. 15 = 2 m² 3575.

Retranchons la surface des croisées et de la porte de la surface totale, il reste à tapisser une surface de

50 m² 3250 — 7 m² 3525 = 42 m² 9725.

Cherchons maintenant combien il faudra de rouleaux de papier pour couvrir une surface de 42 m² 9725.

Chaque rouleau ayant 10 mètres de long sur 0 m. 55 de large pourra recouvrir une surface de 10 m. × 0 m. 55 = 5 m² 50.

Autant de fois 5 m² 50 seront contenus dans 42 m² 9725, autant il faudra de rouleaux, soit $\frac{42,9725}{5,50} = 7$ rouleaux 6.

Réponse. — Pour tapisser l'appartement, il faudra donc 8 rouleaux.

82. — *Combien faut-il de pavés carrés de 20 centimètres de côté pour paver une surface de 3 m. 20 de long sur 4 m. 50 de large ?*

La surface à paver, ayant 4 m. 20 de long sur 4 m. 50 de large, doit être supposée rectangulaire et sera de

3 m. 20 × 4 m. 50 = 14 m² 40.

La surface d'un pavé est :

0 m. 20 × 0 m. 20 = 0 m² 04.

Autant de fois 0 m² 04 seront contenus dans 14 m² 40, autant il faudra de pavés, soit $\frac{14,40}{0,04} = 360$.

Réponse. — Il faudra 360 pavés.

83. — *Combien faudra-t-il de pavés à 6 pans de 1 décimètre de côté pour paver une surface de 5 m. 50 de long sur 3 m. 90 de large ?*

La surface à paver est de :

5 m. 50 × 3 m. 90 = 21 m² 45.

Cherchons la surface d'un pavé; c'est celle d'un hexagone régulier que nous obtiendrons en opérant comme pour le n° 79.

Le périmètre est :

0 m. 10 × 6 = 0 m. 60.

L'apothème a pour longueur :

$$\frac{0 \text{ m. } 10 \times 1,732}{2} = 0 \text{ m. } 0866.$$

La surface d'un pavé est donc de :

$$\frac{0 \text{ m. } 60 \times 0 \text{ m. } 0866}{2} = 0 \text{ m}^2\ 025980.$$

Autant de fois 0 m. 025980 seront contenus dans 21 m² 45, autant il faudra de pavés ou $\frac{21,45}{0,025980} = 826$ pavés.

Remarque. — Théoriquement, il devrait suffire de 826 pavés pour couvrir la surface considérée ; pratiquement, il en faudra un nombre assez sensiblement supérieur, par suite des pertes éprouvées dans la taille des pavés qui couvriront les vides laissés sur les bords de la surface par les pavés hexagonaux.

84. — *On veut faire un tapis pour couvrir un plancher de 3 mètres de long sur 4 mètres de large ; combien faudra-t-il de mètres d'étoffe, cette étoffe n'ayant que 0 m. 70 de largeur?*

Le plancher est un rectangle de 3 m. de long sur 4 m. de large. Sa surface sera donc de 3 m. $\times$ 4 m. = 12 m². Il faut donc chercher combien il faut de mètres d'étoffe ayant 0 m. 70 de largeur pour faire une surface de 12 m². En représentant par x la longueur cherchée, on devra avoir :

$$x \times 0 \text{ m. } 70 = 12 \text{ m}^2 ;$$

d'où, en divisant par 0,70 de part et d'autre, on a :

$$x = \frac{12 \text{ m}^2}{0,70} = 17 \text{ m. } 14.$$

Théoriquement, il faudrait 17 m. 14 d'étoffe pour faire le tapis, en supposant que l'étoffe soit sans dessins à raccorder ; mais encore, pratiquement, si l'on dispose l'étoffe en bandes de 3 m. de longueur, il faudra employer $\frac{4 \text{ m.}}{0,70} = 5$ bandes $\frac{5}{7}$, soit 6 bandes d'étoffe. La longueur totale de l'étoffe sera donc :

$$3 \text{ m.} \times 6 = 18 \text{ m.}$$

85. — *La confection d'un vêtement a nécessité 6 m. 25 d'étoffe de 0 m. 60 de largeur. Combien faudra-t-il de mètres de doublure de 0 m. 50 de largeur pour doubler ce vêtement?*

La surface de la doublure doit être équivalente à la surface de l'étoffe, qui est de 6 m. 25 $\times$ 0 m. 60 = 3 m² 75. Or, en représentant par x la longueur cherchée, on aura :

$$x \times 0 \text{ m. } 50 = 3 \text{ m. } 75,$$

d'où

$$x = \frac{3,75}{0,50} = 7 \text{ m. } 50.$$

Théoriquement, il faudrait 7 m. 50 de doublure ; en pratique il en faudra davantage, attendu que, le patron ayant été coupé dans une étoffe en petite largeur, il reste des fausses coupes de petites dimensions et souvent inutilisables.

86. — *Trouver la surface d'un cercle dont le diamètre est de 15 mètres.*

L'aire d'un cercle a pour mesure le demi-produit des nombres exprimant la mesure de sa circonférence et de son rayon. En représentant par S la surface, par C la circonférence, par R le rayon et par D le diamètre, on aura :

$$S = \frac{C \times R}{2}.$$

Or, $C = 2\pi R$; d'où :

$$S = \frac{2\pi R \times R}{2} = \frac{2\pi R^2}{2} = \pi R^2.$$

Comme $R = \frac{D}{2}$, $R^2 = \frac{D^2}{4}$,

et alors $S = \frac{\pi D^2}{4} = \frac{3{,}1416 \times 15^2}{4} = \frac{3{,}1416 \times 225}{4} = 176 \text{ m}^2\ 7150.$

Réponse. — La surface du cercle sera 176 m² 7150.

87. — *Trouver le diamètre d'un cercle dont la surface est de 25 mètres carrés.*

On sait (cours, n° 262) que l'aire d'un cercle a pour mesure le carré du nombre exprimant la mesure de son rayon multiplié par le nombre π. Donc si nous représentons par S la surface, par R le rayon et par D le diamètre, nous aurons :

$$S = \pi R^2.$$

Or : $R = \frac{D}{2}$, d'où $R^2 = \frac{D^2}{4}$: et $S = \frac{\pi D^2}{4}$;

d'où : $4S = \pi D^2$;

donc : $D^2 = \frac{4S}{\pi}$ et $D = \sqrt{\frac{4S}{\pi}}$,

ou : $D = \sqrt{\frac{25 \times 4}{3{,}1416}} = 5 \text{ m. } 64.$

Réponse. — Le diamètre cherché est de 5 m. 64.

Remarque. — Reprenons l'expression :

$$D = \sqrt{\frac{4S}{\pi}} = 2\sqrt{\frac{S}{\pi}}.$$

Elle peut s'écrire :

$$D = 2\sqrt{S \times \frac{1}{\pi}}.$$

Or, en effectuant $\frac{1}{\pi}$, on trouve pour quotient 0,31831.

L'expression devient donc :

$$D = 2\sqrt{S \times 0{,}31831} = 2\sqrt{25 \times 0{,}31831} = 5 \text{ m. } 64.$$

Ce quotient $\frac{1}{\pi} = 0{,}31831$, qu'on peut retenir, simplifie les calculs lorsqu'il faut diviser par π.

88. — *Trouver la superficie d'une des faces des pièces de 100 fr., 50 fr., 20 fr., 10 fr.; de même, celles des pièces de 5 fr., 2 fr., 1 fr., 0 fr. 50, 0 fr. 20, et enfin celles des pièces de 0 fr. 10 et 0 fr. 05.*

Représentons par S les différentes surfaces cherchées, par R les différents rayons et par D les différents diamètres.

Dans les calculs, nous prendrons le millimètre pour unité de longueur.

Pièce de 100 francs. — D = 35 mm.

On sait (cours, n° 262) que l'aire d'un cercle a pour mesure le carré du nombre exprimant la mesure de son rayon multiplié par le nombre π. On a donc :

$$S = \pi R^2.$$

Or $$R = \frac{D}{2}, \quad \text{d'où :} \quad R^2 = \frac{D^2}{4},$$

donc : $$S = \frac{\pi D^2}{4} = \frac{3{,}1416 \times 1225}{4} = 0{,}7854 \times 1225 = 962 \text{ mm}^2\ 1150.$$

Pièce de 50 francs. — D = 28 mm.

Nous avons encore : $$S = \frac{\pi D^2}{4},$$

$$S = \frac{\pi D^2}{4} = \frac{3{,}1416 \times 784}{4} = 0{,}7854 \times 784 = 615 \text{ mm}^2\ 7536.$$

Pièce de 20 francs. — D = 21 mm.

$$S = \frac{\pi D^2}{4} = \frac{3{,}1416 \times 441}{4} = 0{,}7854 \times 441 = 346 \text{ mm}^2\ 3614.$$

Pièce de 10 francs. — D = 19 mm.

$$S = \frac{\pi D^2}{4} = \frac{3{,}1416 \times 361}{4} = 0{,}7854 \times 361 = 283 \text{ mm}^2\ 5294.$$

Pièce de 5 francs. — D = 37 mm.

$$S = \frac{\pi D^2}{4} = \frac{3{,}1416 \times 1369}{4} = 0{,}7854 \times 1369 = 1075 \text{ mm}^2\ 2126.$$

Pièce de 2 francs. — $D = 27$ mm.

$$S = \frac{\pi D^2}{4} = \frac{3,1416 \times 729}{4} = 0,7854 \times 729 = 572 \text{ mm}^2, 5566.$$

Pièce de 1 franc. — $D = 23$ mm.

$$S = \frac{\pi D^2}{4} = \frac{3,1416 \times 529}{4} = 0,7854 \times 529 = 415 \text{ mm}^2, 4766.$$

Pièce de 0 fr. 50. — $D = 18$ mm.

$$S = \frac{\pi D^2}{4} = \frac{3,1416 \times 324}{4} = 0,7854 \times 324 = 254 \text{ mm}^2, 4696.$$

Pièce de 0 fr. 20. — $D = 16$ mm.

$$S = \frac{\pi D^2}{4} = \frac{3,1416 \times 256}{4} = 0,7854 \times 256 = 201 \text{ mm}^2, 0624.$$

Pièce de 0 fr. 10. — $D = 30$ mm.

$$S = \frac{\pi D^2}{4} = \frac{3,1416 \times 900}{4} = 0,7854 \times 900 = 706 \text{ mm}^2, 8600.$$

Pièce de 0 fr. 05. — $D = 25$ mm.

$$S = \frac{\pi D^2}{4} = \frac{3,1416 \times 625}{4} = 0,7854 \times 625 = 490 \text{ mm}^2, 8750.$$

RÉPONSES.

La superficie d'une face de la pièce de			100 fr.	=	$962^{mm^2},1150$
—	—	—	50	=	$615^{mm^2},7536$
—	—	—	20	=	$346^{mm^2},3614$
—	—	—	10	=	$283^{mm^2},5294$
—	—	—	5	=	$1075^{mm^2},2126$
—	—	—	2	=	$572^{mm^2},5566$
—	—	—	1	=	$415^{mm^2},4766$
—	—	—	0 fr. 50	=	$254^{mm^2},4696$
—	—	—	0 fr. 20	=	$201^{mm^2},0624$
—	—	—	0 fr. 10	=	$706^{mm^2},8600$
—	—	—	0 fr. 05	=	$490^{mm^2},8750$

89. — *Pour couvrir un carré, on emploie 10 000 pièces de 5 francs en argent. Quelle est la surface de ce carré? 2° quel est son côté? 3° quel est l'espace que ces pièces laissent entre elles?*

Le carré contenant 10000 pièces, son côté en contiendra

$$\sqrt{10000} = 100.$$

Or, le diamètre d'une pièce de 5 francs est de 37 mm. Le côté du carré sera donc :

$$37 \text{ mm.} \times 100 = 3700 \text{ mm.} = 3 \text{ m. } 700.$$

La surface de ce carré sera donc :

$$3\text{ m. }700 \times 3\text{ m. }700 = 13\text{ m}^2\ 69.$$

La superficie d'une pièce de 5 francs est, d'après l'exercice précédent, 1075 mm² 2126. La surface recouverte par 10000 pièces sera :

$$1075\text{ mm}^2\ 2126 \times 10000 = 10752126\text{ mm}^2 = 10\text{ m}^2\ 752126.$$

Les pièces laisseront donc entre elles un espace de :

$$13\text{ m}^2\ 69 - 10\text{ m}^2\ 752126 = 2\text{ m}^2\ 937874.$$

RÉPONSES.

1° La surface du carré est de 13 m² 69.
2° Le côté du carré est de 3 m. 700.
3° L'espace non recouvert par les pièces est de 2 m² 937874.

90. — *On veut connaître la surface d'un secteur dont l'arc est de 60° et le rayon 2 mètres.*

La surface d'un secteur circulaire a pour mesure la moitié du produit des nombres exprimant la mesure de la longueur de son arc et de son rayon (cours, n° 263).

Le rayon de la circonférence étant 2 mètres, la longueur de la circonférence entière sera :

$$2\text{ m.} \times 2\pi = 4\pi = 4\text{ m.} \times 3{,}1416 = 12\text{ m. }5664.$$

Or 60° est égal au 1/6 de 360° ; donc l'arc de 60° aura une longueur de $\frac{12\text{ m. }5664}{6} = 2\text{ m. }0944.$

La surface du secteur sera donc : $\frac{2{,}0944 \times 2}{2} = 2\text{ m}^2\ 0944.$

91. — *Quel rayon faut-il donner à un cercle pour que sa surface soit de 1 mètre carré ?*

On sait (cours, n° 262) que la surface du cercle est donnée par la formule :

$$S = \pi R^2,$$

d'où : $R^2 = \frac{S}{\pi} = \frac{1\text{ m}^2}{\pi} = 0\text{ m}^2\ 3183$ (problème 87).

Et : $R = \sqrt{0{,}3183} = 0\text{ m. }56.$

RÉPONSE. — Le rayon devra être de 0 m. 56.

92. — *Quelle est la surface d'un cercle dont la circonférence a un mètre ?*

On sait (cours, n° 261) que l'aire d'un cercle a pour mesure le demi-produit des nombres exprimant la mesure de sa circonférence et de son rayon.

La longueur de la circonférence est donnée par la formule

$$C = 2\pi R \quad \text{d'où} \quad R = \frac{C}{2\pi} = \frac{1}{2 \times 3,1416} = 0 \text{ m. } 159.$$

La surface cherchée sera donc $\frac{1 \text{ m.} \times 0 \text{ m. } 159}{2} = 0 \text{ m}^2 \ 0795.$

RÉPONSE. — La surface du cercle sera 7 décimètres carrés 95 cm².

93. — *Un cercle a 2 m. 50 de rayon; quel sera le rayon d'un cercle sept fois plus grand?*

Représentons par x le rayon cherché et par R le rayon de la circonférence donnée. Nous devrons avoir :

$$\pi x^2 = 7\pi R^2,$$

d'où :

$$x^2 = \frac{7\pi R^2}{\pi} = 7R^2$$

et :

$$x = R \times \sqrt{7} = 2 \text{ m. } 50 \times 2,645 = 6 \text{ m. } 6125,$$

RÉPONSE. — Le rayon demandé sera de 6 m. 6125.

94. — *Il est entré 385 pavés carrés dans le pavage d'une surface de 6 m. 50 sur 3 m. 90; quel est le côté des pavés employés pour ce pavage.*

La surface à paver était de :

$$6 \text{ m. } 50 \times 3 \text{ m. } 90 = 25 \text{ m}^2 \ 35.$$

Or, si 385 pavés ont une surface de 25 m² 35,
1 pavé aura une surface de

$$\frac{25 \text{ m}^2 \ 35}{385} = 0 \text{ m}^2 \ 0658.$$

Un pavé carré ayant une surface de 0 m² 0658, son côté sera :

$$\sqrt{0 \text{ m}^2 \ 0658} = 0 \text{ m. } 254.$$

RÉPONSE. — Le côté des pavés est de 0 m. 254.

95. — *Un mur percé de deux fenêtres circulaires de 1 m. 60 de diamètre a 12 mètres de long sur 3 m. 50 de haut; quelle est la superficie de la partie pleine?*

La surface totale du mur est :

$$12 \text{ m.} \times 3 \text{ m. } 50 = 42 \text{ m}^2.$$

Il convient d'en retrancher la surface des deux fenêtres circulaires. Chacune de ces fenêtres représente la surface d'un cercle de 1 m. 60 de diamètre. Or, nous savons que la surface d'un cercle est donnée par la formule :

$$S = \pi R^2 = \pi \frac{D^2}{4}.$$

On a donc : $$S = \frac{3,1416 \times 1 \text{ m. } 60 \times 1 \text{ m. } 60}{4}$$

$$= 0,7854 \times 2 \text{ m}^2\, 56 = 2 \text{ m}^2\, 0106.$$

Les deux fenêtres auront une surface de $2 \text{ m}^2\, 0106 \times 2 = 4 \text{ m}^2\, 0212$.

Réponse. — La superficie de la partie pleine du mur est :

$$42 \text{ m}^2 - 4 \text{ m}^2\, 0212 = 37 \text{ m}^2\, 9788.$$

96. — *Trouver la hauteur d'un triangle qui a 160 mètres de base et dont la surface est équivalente à celle d'un rectangle de 120 mètres de long sur 95 mètres de large.*

Représentons par S la surface du triangle, par b sa base et par x sa hauteur.

On sait que la surface d'un triangle a pour mesure la moitié du produit des nombres qui expriment la mesure de sa base et de sa hauteur (cours, n° 253). Nous aurons donc :

$$S = \frac{b \times x}{2},$$

d'où : $$\frac{b \times x}{2} = 120 \times 95,$$

ou $$b \times x = 120 \times 95 \times 2,$$

et enfin $$x = \frac{120 \times 95 \times 2}{b} = \frac{120 \times 95 \times 2}{160}$$

$$= \frac{3 \times 95}{2} = \frac{285}{2} = 142 \text{ m. } 5.$$

Réponse. — La hauteur du triangle est de 142 mètres 50.

97. — *Dans une propriété de forme rectangulaire de 150 mètres de long sur 75 mètres de large, il y a un étang circulaire de 28 mètres de rayon; quelle est la superficie de la propriété, celle de l'étang, puis celle du terrain propre à la culture?*

La propriété étant rectangulaire, sa surface totale sera :

$$150 \text{ m.} \times 75 \text{ m.} = 11250 \text{ m}^2.$$

L'étang étant circulaire, sa surface sera celle d'un cercle dont on donne le rayon et qu'on obtiendra par la formule :

$$S = \pi R^2 = 3{,}1416 \times 28 \text{ m.} \times 28 \text{ m.} = 2463 \text{ m}^2\ 0144.$$

Enfin la surface du terrain propre à la culture sera :

$$11250 \text{ m}^2 - 2463 \text{ m}^2\ 0144 = 8786 \text{ m}^2\ 9856.$$

98. — *On donne un triangle équilatéral dont le côté égale 5 mètres; on prend le milieu de l'un des côtés et, par ce point, on mène une parallèle à l'un des deux autres côtés; trouver la surface du petit triangle et celle du trapèze ainsi obtenus.*

Soit le triangle équilatéral ABC et la droite DE parallèle à BC et passant par le milieu de AB (fig. 50). Cette ligne détermine un triangle ADE qui est semblable au triangle ABC (cours, n° 225); or, on sait (cours, n° 272) que les surfaces de deux triangles semblables sont entre elles comme les carrés de leurs côtés homologues; donc nous aurons :

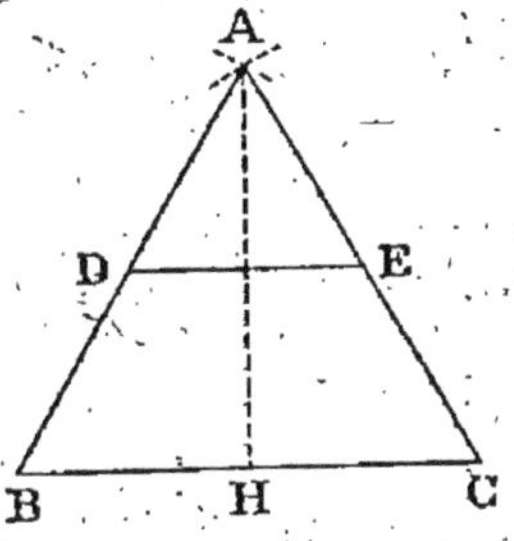

$$\frac{\text{Surface ABC}}{\text{Surface ADE}} = \frac{\overline{AB}^2}{\overline{AD}^2},$$

Fig. 50.

et comme : $AD = \frac{AB}{2}$, $\overline{AD}^2 = \frac{\overline{AB}^2}{4}$;

donc $$\frac{\text{Surface ABC}}{\text{Surface ADE}} = \frac{\overline{AB}^2}{\frac{\overline{AB}^2}{4}} = \frac{4\overline{AB}^2}{\overline{AB}^2} = \frac{4}{1},$$

c'est-à-dire que la surface du triangle ABC est 4 fois plus grande que la surface du triangle ADE.

La surface du trapèze sera égale à surf. ABC — surf. ADE.

Donc, en résumé, le triangle ADE est égal au quart de ABC, et le trapèze DEBC aux trois quarts de ABC.

Calculons maintenant la surface du triangle ABC, dont nous connaissons le côté. Il faut chercher la hauteur.

Pour cela, menons la perpendiculaire AH sur BC; elle rencontre BC en son milieu. Dans le triangle rectangle AHB, on a (cours, n° 279) :

$$\overline{AH}^2 = \overline{AB}^2 - \overline{BH}^2.$$

Or, $BH = \frac{AB}{2}$; donc $\overline{BH}^2 = \frac{\overline{AB}^2}{4}$, et

$$\overline{AH}^2 = \overline{AB}^2 - \frac{\overline{AB}^2}{4} = \frac{3\overline{AB}^2}{4},$$

ou : $$AH = \frac{AB \times \sqrt{3}}{2} = \frac{5 \times 1,732}{2} = 5 \times 0,866 = 4,330.$$

Alors la surface du triangle ABC est

$$S = \frac{AB \times AH}{2} = \frac{5 \times 4,330}{2} = 10 \text{ m}^2\ 8250.$$

La surface du triangle ADE est :

$$\frac{10,8250}{4} = 2 \text{ m}^2\ 7062.$$

et celle du trapèze :

$$\frac{10,825 \times 3}{4} = 8 \text{ m}^2\ 1186.$$

Réponses. — La surface du petit triangle est 2 m² 7062, et celle du trapèze est de 8 m² 1186.

99. — *On donne deux carrés qui ont l'un 3 m. 25 de côté, l'autre 4 m. 50; quel sera le côté d'un nouveau carré équivalent à la somme des deux autres?*

On sait (cours, n° 277) que le carré construit sur l'hypoténuse d'un triangle rectangle est équivalent à la somme des carrés construits sur les deux autres côtés. Si donc nous représentons par x le côté du carré demandé, par a et b les côtés des carrés donnés, nous aurons :

$$x^2 = a^2 + b^2,$$

d'où : $$x = \sqrt{a^2 + b^2}$$

ou $$x = \sqrt{3 \text{ m. } 25 \times 3 \text{ m. } 25 + 4 \text{ m. } 50 \times 4 \text{ m. } 50}$$

$$x = \sqrt{30,8125} = 5 \text{ m. } 55.$$

Réponse. — Le côté du carré demandé est de 5 mètres 55.

100. — *Construire graphiquement le carré équivalent à la somme de deux autres carrés donnés.*

Soient a et b les côtés des deux carrés donnés (fig. 51). Traçons un angle droit BAC. Du point A comme centre, avec a comme rayon, décrivons un arc de cercle qui coupe AB au point B, et du même point A comme centre, avec b comme rayon, décrivons un arc de cercle qui coupe AC au point C. Joignons BC, et sur BC comme côté, construisons un carré qui sera le carré demandé. En effet, le triangle BAC est un triangle rectangle dont BC est l'hypoténuse. Or, on sait

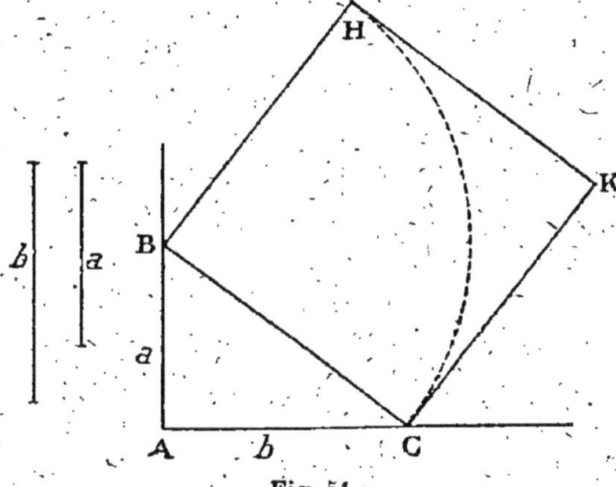

Fig. 51.

(cours, n° 277) que le carré construit sur l'hypoténuse d'un triangle rectangle est équivalent à la somme des carrés construits sur les deux autres côtés. Donc BCKH est le carré demandé.

TROISIÈME ANNÉE

101. — *Quelle est la surface latérale d'un prisme droit ayant 2 m. 50 de périmètre de base et 3 mètres de hauteur?*

Appliquant la formule du n° 309 du cours,

$$S = P \times a,$$

dans laquelle S représente la surface latérale, P le périmètre de base et a l'arête latérale, laquelle, dans le prisme droit, est égale à la hauteur, on a :

$$S = 2 \text{ m. } 50 \times 3 \text{ m.} = 7 \text{ m}^2 50.$$

102. — *Calculer la hauteur d'un prisme droit à base hexagonale régulière, sachant que sa surface latérale est de 28 mètres carrés et que le côté de l'hexagone de base est de 1 m. 75.*

La formule précédente donne :

$$a \text{ ou } h = \frac{S}{P},$$

et, en remplaçant les lettres par leurs valeurs :

$$h = \frac{28 \text{ m}^2}{1 \text{ m. } 75 \times 6} = \frac{28 \text{ m}^2}{10 \text{ m. } 50} = 2 \text{ m. } 66.$$

103. — *Quelle est la surface totale d'un prisme droit ayant pour base un triangle équilatéral de 3 mètres de côté et une hauteur de 6 mètres?*

On sait (cours, n° 309) que la surface totale du prisme droit est donnée par la formule :

$$S. \text{ totale} = P \times a + 2b,$$

b représentant l'une des bases du prisme.

$P = 3$ m. $\times 3 = 9$ m.; $a = h = 6$ m. Calculons b. C'est un triangle équilatéral de 3 m. de côté.

Appliquons la formule (cours, nº 256) dans laquelle

$$p = \frac{P}{2} = \frac{9 \text{ m.}}{2} = 4 \text{ m. } 50,$$

$$p - a = p - b = p - c = 4 \text{ m. } 5 - 3 = 1 \text{ m. } 50,$$

nous aurons :

$$S = b = \sqrt{4,5 \times 1,50 \times 1,50 \times 1,50} = 3 \text{ m}^2\ 8970.$$

Par suite :

Surface totale $= 9$ m. $\times 6$ m. $+ 3$ m² 8970 $\times 2$

$= 54$ m² $+ 7$ m² 7940 $= 61$ m² 7940.

104. — *Quelle est la surface totale d'un cube de 0 m. 50 de côté?*

La surface totale d'un cube étant composée de 6 carrés égaux dont le côté est le même que celui du cube, on a :

Surf. cube $= 0$ m. 50×0 m. $50 \times 6 = 0$ m² $25 \times 6 = 1$ m² 50.

105. — *Quel est le volume d'un cube de 0 m. 75 de côté?*

Le volume d'un cube ayant pour mesure le cube du nombre exprimant son arête ou son côté, on a :

$$V = a^3 = (0 \text{ m. } 75)^3 = 0 \text{ m}^3\ 421\,875.$$

106. — *Quel est le volume d'un parallélipipède rectangle dont les arêtes ont respectivement 2 m. 25, 1 m. 75, 0 m. 75?*

Le volume d'un parallélipipède rectangle ayant pour mesure le produit des nombres exprimant ses trois dimensions, on a :

$$V = 2 \text{ m. } 25 \times 1 \text{ m. } 75 \times 0 \text{ m. } 75 = 2 \text{ m}^3\ 953\,125.$$

107. — *Quel est le volume d'un cube dont la diagonale aurait 1 mètre de longueur?*

Soit le cube ABCDEFGH dont la diagonale AG a 1 m. de longueur (fig. 52). Pour trouver le volume de ce cube, il faut connaître son côté. Cherchons-le.

Pour cela, menons la diagonale AC du carré de base ABCD. On forme ainsi le triangle rectangle ACG dans lequel AG est l'hypoténuse, et l'on sait (cours, nº 277) que :

$$\overline{AG}^2 = \overline{AC}^2 + \overline{CG}^2.$$

Mais AC est à son tour l'hypoténuse du triangle rectangle ABC, puisque ABCD est un carré. On a donc :

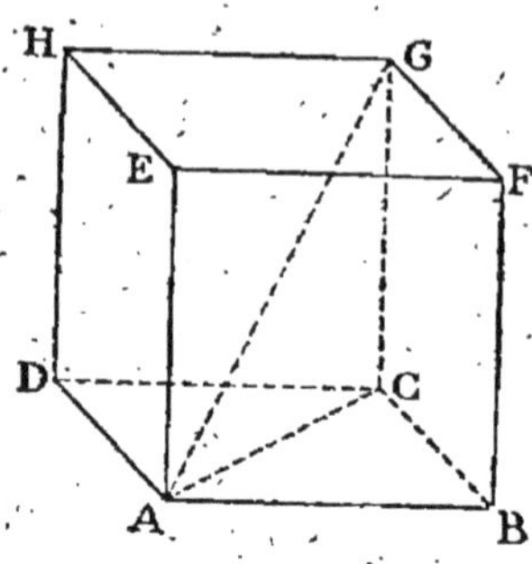

Fig. 52.

$$\overline{AC}^2 = \overline{AB}^2 + \overline{BC}^2.$$

Si dans la première égalité on remplace AC^2 par sa valeur, on obtient :

$$\overline{AG}^2 = \overline{AB}^2 + \overline{BC}^2 + \overline{CG}^2.$$

Comme tous les côtés d'un cube sont égaux, on a :

$AB = BC = CG$, par suite :

$$\overline{AB}^2 = \overline{BC}^2 = \overline{CG}^2, \text{ et}$$

$$\overline{AB}^2 + \overline{BC}^2 + \overline{CG}^2 = 3\,\overline{AB}^2.$$

Donc $\overline{AG}^2 = 3\overline{AB}^2$, et $AG = \sqrt{3\overline{AB}^2} = AB \times \sqrt{3}$;

d'où : $$AB = \frac{AG}{\sqrt{3}} = \frac{1 \text{ m.}}{\sqrt{3}},$$

et le volume du cube est :

$$V = \overline{AB}^3 = \frac{1 \text{ m}^3}{\sqrt{3}^3} = \frac{1 \text{ m}^3}{\sqrt{3} \times \sqrt{3} \times \sqrt{3}} = \frac{1 \text{ m}^3}{3 \times \sqrt{3}}.$$

Multiplions les deux termes de cette fraction par $\sqrt{3}$, elle ne changera pas de valeur et nous aurons :

$$V = \frac{1 \text{ m}^3 \times \sqrt{3}}{3 \times \sqrt{3} \times \sqrt{3}} = \frac{1 \text{ m}^3 \times \sqrt{3}}{3 \times 3} = \frac{1 \text{ m}^3\ 732}{9} = 0 \text{ m}^3\ 192444.$$

108. — *Calculer le volume d'un parallélipipède rectangle dont les côtés de la base auraient 12 mètres et 15 mètres, sachant que la diagonale du parallélipipède a 28 mètres de longueur.*

En considérant le cube du problème précédent comme un parallélipipède rectangle, on a :

$$V = AB \times BC \times CG = 12 \text{ m.} \times 15 \text{ m.} \times CG.$$

Calculons CG. On a, comme précédemment :

$$\overline{AG}^2 = \overline{AC}^2 + \overline{CG}^2 = \overline{AB}^2 + \overline{BC}^2 + \overline{CG}^2 \text{ ou}$$

$$28^2 = 12^2 + 15^2 + \overline{CG}^2 = 144 + 225 + \overline{CG}^2; \text{ d'où :}$$

$$\overline{CG}^2 = 28^2 - (144 + 225) = 784 - 369 = 415,$$

et $$CG = \sqrt{415} = 20 \text{ m. } 37.$$

Le volume demandé est donc :

$$V = 12 \text{ m.} \times 15 \text{ m.} \times 20 \text{ m. } 37 = 3666 \text{ m}^3 \, 600.$$

109. — *Calculer la hauteur d'un parallélipipède rectangle, sachant que la surface totale est de 30 mètres carrés et que les côtés du rectangle de base ont l'un 2 m. 50 et l'autre 2 mètres.*

La surface totale du parallélipipède se compose de la surface latérale et de la surface des deux bases.

ou S. totale = surface latérale + surf. des bases, ou

$$30 \text{ m}^2 = P \times a + 2 \text{ m. } 50 \times 2 \text{ m.} \times 2 = P \times a + 10 \text{ m}^2.$$

Mais $P = 2 \text{ m. } 50 \times 2 + 2 \text{ m.} \times 2$, puisque la base est un rectangle de côtés 2 m. 50 et 2 m. Donc :

$$30 \text{ m}^2 = 14 \text{ m.} \times a + 10 \text{ m}^2. \quad \text{Par suite :}$$

$$a = \frac{30 - 10}{14} = \frac{20}{14} = \frac{10}{7} = 1 \text{ m. } 428.$$

La hauteur du parallélipipède est donc de 1 m. 428.

110. — *La surface totale d'un cube est de 60 décimètres carrés; trouver le côté de ce cube.*

La surface totale d'un cube se compose des surfaces de 6 carrés égaux.

Si a représente le côté du cube, ce sera aussi le côté de chacun des 6 carrés. On aura donc :

$$\text{S. totale cube} = a^2 \times 6 \quad \text{ou}$$

$$0 \text{ m}^2, 60 = 6a^2, \quad \text{d'où :}$$

$$a^2 = \frac{0 \text{ m}^2, 60}{6} = 0 \text{ m}^2, 10 \quad \text{et}$$

$$a = \sqrt{0 \text{ m}^2, 10} = 0 \text{ m. } 316.$$

Le côté du cube a donc 0 m. 316.

111. — *Combien peut-on mettre de pavés sous un hangar dont les dimensions sont : longueur 10 mètres, largeur 6 m. 20 et hauteur 3 m. 50; les dimensions des pavés étant 18,20 et 23 centimètres.*

Solution théorique. — Le hangar et les pavés étant des parallélipipèdes rectangles, autant de fois le volume d'un pavé sera contenu dans le volume du hangar, autant on pourra placer de pavés, ou :

$$\text{nombre de pavés} = \frac{10 \times 6,20 \times 3,50}{0,18 \times 0,20 \times 0,23} = 26\,207.$$

Solution pratique et exacte. — Si l'on prend pour les pavés le même ordre de dimensions que pour le hangar, ces dimensions du pavé seront :

longueur 0 m. 18, largeur 0 m. 20, hauteur 0 m. 23.

Dès lors, dans le sens de la longueur on pourra placer :

$$\frac{10}{0,18} = 55 \text{ pavés.}$$

Dans le sens de la largeur on en pourra mettre :

$$\frac{6,20}{0,20} = 31.$$

Soit sur le sol du hangar :

$$55 \times 31 = 1\,705.$$

Comme dans le sens de la hauteur on pourra loger $\frac{3,5}{0,23} = 15$ pavés, on mettra donc en tout 15 tranches de 1 705 pavés, soit : $1\,705 \times 15 = 25\,575$.

Le nombre de pavés qu'il sera réellement possible de loger sous le hangar est de 25 575.

112. — *Sur un terrain rectangulaire de 18 m² 25, on veut creuser un bassin pouvant contenir 54 hectolitres 75 litres; quelle profondeur doit-on donner à ce bassin?*

Le volume du bassin étant de 54 hl. 75, soit 5 m³ 475 et la surface de base 18 m² 25, la profondeur du bassin sera de :

$$\frac{5 \text{ m}^3\ 475}{18 \text{ m}^2\ 25} = 0 \text{ m. } 30.$$

113. — *La surface totale d'un cube est égale à 16 mètres carrés; quel est son côté?*

En raisonnant comme au n° 110, on a :

$$a^2 = \frac{16 \text{ m}^2}{6} = \frac{8 \text{ m}^2}{3} = 2 \text{ m}^2\ 6666...,$$

d'où :

$$a = \sqrt{2 \text{ m}^2\ 6666} = 1 \text{ m. } 633.$$

114. — *Un prisme droit dont la base est un triangle équilatéral a 4 m. 50 de hauteur, le côté du triangle est de 0 m. 75; quelle est la surface latérale et la surface totale?*

1° Surface latérale.

D'après la formule 309, on a :

$$S = P \times a = 0 \text{ m. } 75 \times 3 \times 4 \text{ m. } 50 = 10 \text{ m}^2\ 1250.$$

2° Surface d'une base. Nous avons déjà employé la formule : $S = \sqrt{p(p-a)(p-b)(p-c)}$. Prenons une autre méthode.

Soit ABC le triangle de base (fig. 53). Menons la hauteur BD.

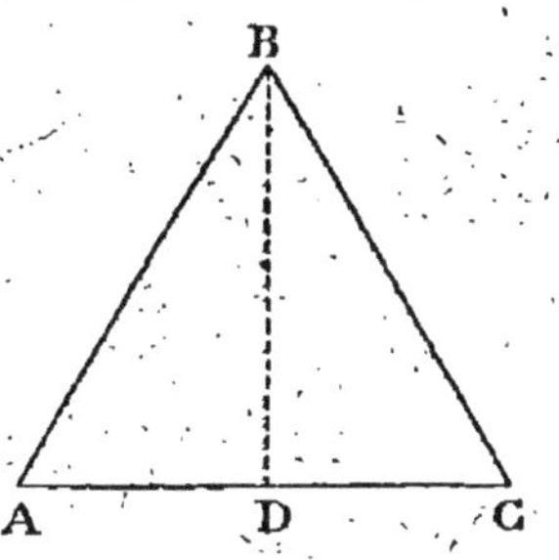

On sait que : $S.\ \text{triangle} = \frac{AC \times BD}{2}$.

Calculons BD. Dans le triangle rectangle ADB, on a :

$$\overline{BD}^2 = \overline{AB}^2 - \overline{AD}^2.$$

Mais : $AD = \frac{AB}{2}$, donc $\overline{AD}^2 = \frac{\overline{AB}^2}{4}$.

Fig. 53.

Alors : $$\overline{BD}^2 = \overline{AB}^2 - \frac{\overline{AB}^2}{4} = \frac{4\overline{AB}^2 - \overline{AB}^2}{4} = \frac{3\overline{AB}^2}{4}.$$

et : $$BD = \sqrt{\frac{3\overline{AB}^2}{4}} = \frac{AB}{2} \times \sqrt{3}.$$

Ainsi la hauteur d'un triangle équilatéral est égale à la moitié du côté multipliée par $\sqrt{3}$ ou 1,732.

D'après cela, on a :

$$\text{Surf. triangle ABC} = \frac{AC \times BD}{2} = \frac{AC \times \frac{AC}{2}\sqrt{3}}{2},$$

$$S. = \frac{\overline{AC}^2 \times \sqrt{3}}{4} = \frac{0,75^2 \times \sqrt{3}}{4} = \frac{0 \text{ m}^2,5625 \times 1\,732}{4}$$
$$= 0 \text{ m}^2\ 5625 \times 0,433 = 0 \text{ m}^2\ 243\,562.$$

Ainsi donc, la surface d'un triangle équilatéral peut s'obtenir en faisant le carré du nombre exprimant son côté et en multipliant le résultat par 0,433.

La surface des deux bases est de :

$$0 \text{ m}^2\ 243\,562 \times 2 = 0 \text{ m}^2\ 4871.$$

3° La surface totale est donc :

$$10 \text{ m}^2\ 1250 + 0 \text{ m}^2\ 4871 = 10 \text{ m}^2\ 6121.$$

115. — *Un prisme droit dont la base est un hexagone régulier a 1 m. 75 de hauteur, le côté de l'hexagone est de 0 m. 40; quelle est la surface latérale et la surface totale?*

1° Surface latérale.

D'après la formule 309, on a :

$$S = P \times a = 0 \text{ m. } 40 \times 6 \times 1 \text{ m. } 75 = 4 \text{ m}^2\ 20.$$

2° Surface d'une base. Soit l'hexagone régulier ABCDEF (fig. 54).

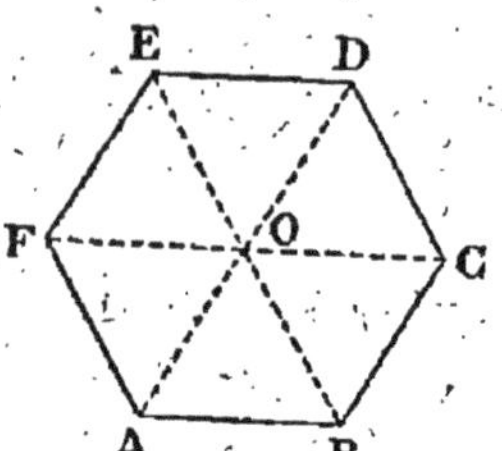

Fig. 54.

En joignant chacun des sommets au centre de l'hexagone, on forme 6 triangles équilatéraux égaux et de côté égal à celui de l'hexagone.

D'après le problème précédent, la surface de l'un de ces triangles est égale à

$$\overline{AB}^2 \times 0,433.$$

L'aire de l'hexagone sera donc :

$$\overline{AB}^2 \times 0,433 \times 6 = 0,40^2 \times 0,433 \times 6$$
$$= 0 \text{ m}^2\ 415\,680.$$

3° On a alors :

$$\text{Surface totale} = 4 \text{ m}^2\ 20 + 0 \text{ m}^2\ 415\,680 \times 2 = 4 \text{ m}^2\ 20 + 0 \text{ m}^2\ 8313$$
$$= 5 \text{ m}^2\ 0313.$$

116. — *Quel est le volume d'un prisme dont la base est un triangle équilatéral? La hauteur du prisme est de 90 centimètres, et le côté du triangle est de 2 décimètres.*

Le volume d'un prisme ayant pour mesure le produit des nombres exprimant sa base et sa hauteur, on a :

$$V = B \times h = B \times 0 \text{ m. } 90.$$

D'après le problème 114, on a :

$$B = 0,2^2 \times 0,433 = 0 \text{ m}^2\ 04 \times 0,433 = 0 \text{ m}^2\ 01732.$$

Donc : $V = 0 \text{ m}^2\ 01732 \times 0 \text{ m. } 90 = 0 \text{ m}^3\ 015588$ ou $15 \text{ dm}^3\ 588$.

117. — *Calculer la surface latérale d'une pyramide régulière à base triangulaire, sachant que chaque côté de la base a 0 m. 8 et que l'apothème est de 1 m. 50.*

On sait (cours, n° 328) que la surface latérale d'une pyramide régulière est donnée par la formule :

$$S = P \times \frac{h}{2},$$

dans laquelle P exprime le périmètre de base et k l'apothème de la pyramide. On a donc :

$$S = 0\text{ m. }8 \times 3 \times \frac{1\text{ m. }50}{2} = 2\text{ m. }4 \times 0\text{ m. }75 = 1\text{ m}^2\,80.$$

118. — *Calculer la surface totale d'une pyramide régulière à base carrée, sachant que le côté de base a 0 m. 95 et que l'apothème est de 1 m. 20.*

La surface totale se compose de la surface latérale et de la surface de la base.

Or, surf. latérale $= 0\text{ m. }95 \times 4 \times 0\text{ m. }60 = 2\text{ m}^2\,28.$

Surface de la base $= 0\text{ m. }95^2 = 0\text{ m}^2\,9025.$

La surface totale de la pyramide est donc de :

$$2\text{ m}^2\,28 + 0\text{ m}^2\,9025 = 3\text{ m}^2\,1825.$$

119. — *Calculer la surface totale d'une pyramide hexagonale régulière, sachant que le côté de la base a 0 m. 054 et que l'apothème est de 0 m. 08.*

On a : Surf. totale $=$ surf. latérale $+$ surf. base.

Or surf. latérale $= 0\text{ m. }054 \times 0\text{ m. }04 = 0\text{ m}^2\,01296.$

D'après le problème 115, la surface de la base est égale à :

$$0\text{ m. }054^2 \times 0{,}433 \times 6 = 0\text{ m}^2\,007\,575.$$

La surface totale est donc :

$$0\text{ m}^2\,012\,960 + 0\text{ m}^2\,007\,575 = 0\text{ m}^2\,020535 \text{ ou } 2\text{ dm}^2\,0535.$$

120. — *Calculer le volume d'une pyramide régulière à base carrée, sachant que le côté de la base a 0 m. 09 et que la hauteur est de 0 m. 20.*

Le volume d'une pyramide ayant pour mesure le produit des nombres exprimant sa base et le tiers de sa hauteur, on a :

$$V = B \times \frac{h}{3} = 0\text{ m. }09^2 \times \frac{0\text{ m. }20}{3} = 0\text{ m}^2\,0081 \times \frac{0\text{ m. }20}{3} = 0\text{ m}^3\,000540.$$

Le volume demandé est de 540 cm^3.

121. — *Calculer le volume d'une pyramide régulière à base triangulaire, sachant que le côté de la base égale 1 mètre et que la hauteur est de 0 m. 9.*

On a :

$$V = B \times \frac{h}{3} = 1 \text{ m}^2 \times 0{,}433 \times \frac{0{,}9}{3} = 0 \text{ m}^3\ 129\,900.$$

122. — *Le volume d'une pyramide égale 75 décimètres cubes, sa hauteur est de 0 m. 75; quelle est la surface du polygone de base?*

On a immédiatement :

$$\frac{h}{3} = \frac{V}{B} = \frac{0 \text{ m}^3\ 075}{0{,}75} = 0 \text{ m. } 10.$$

La hauteur est donc : 0 m. 10 × 3 = 0 m. 30.

123. — *Le volume d'une pyramide régulière à base carrée est de 7 mètres cubes, sa hauteur égale 3 m. 50; quel est le côté du carré de base?*

De la formule : $V = B \times \frac{h}{3}$, on tire :

$$B = \frac{V}{\frac{h}{3}} = \frac{3V}{h} = \frac{7 \text{ m}^3 \times 3}{3 \text{ m. } 5} = 6 \text{ m}^2.$$

La base étant un carré de 6 m² de surface, son côté est égal à :

$$\sqrt{6 \text{ m}^2} = 2 \text{ m. } 45.$$

124. — *Chercher la surface latérale et la surface totale d'un tronc de pyramide régulier à bases carrées; le côté de la grande base a 1 m. 40 et le côté de la petite base 0 m. 90; la hauteur de l'un des trapèzes est de 3 m. 25.*

1° On sait (cours, n° 333) que la surface latérale d'un tronc de pyramide régulier est donnée par la formule :

$S = \frac{P + P'}{2} \times k$, P et P' étant les périmètres des bases et k l'apothème de la pyramide.

On a donc :

$$\text{S. latérale} = \frac{1 \text{ m. } 40 \times 4 + 0 \text{ m. } 90 \times 4}{2} \times 3 \text{ m. } 25$$

$$= \frac{(1 \text{ m. } 40 + 0 \text{ m. } 90) \times 4}{2} \times 3 \text{ m. } 25$$

$$= \frac{2 \text{ m. } 30 \times 4}{2} \times 3 \text{ m. } 25 = 4 \text{ m. } 60 \times 3{,}25 = 14 \text{ m}^2\ 95.$$

2° Surface de la grande base :

$$1 \text{ m. } 40 \times 1 \text{ m. } 40 = 1 \text{ m}^2\ 96.$$

3° Surface de la petite base :

$$0 \text{ m. } 90 \times 0 \text{ m. } 90 = 0 \text{ m}^2\ 81.$$

La surface totale est donc :

$$14 \text{ m}^2\ 95 + 1 \text{ m}^2\ 96 + 0 \text{ m}^2\ 81 = 17 \text{ m}^2\ 72.$$

125. — *Calculer le volume d'un tronc de pyramide, sachant que la surface de la petite base est de 1 dm² 56, celle de la grande base 0 m² 92 et que la distance entre les deux bases est de 0 m. 45.*

On sait (cours, n° 334) que le volume d'un tronc de pyramide est exprimé par la formule :

$$V = \frac{BH}{3} + \frac{bH}{3} + \frac{\sqrt{B \times b}H}{3},$$

B et b représentant les bases et H la hauteur.

Remplaçant les lettres par leurs valeurs, on a :

$$V = \frac{0 \text{ m}^2\ 92 \times 0{,}45}{3} + \frac{0 \text{ m}^2\ 0156 \times 0{,}45}{3} + \frac{\sqrt{0 \text{ m}^2\ 92 \times 0 \text{ m}^2\ 0156} \times 0{,}45}{3}.$$

Mettant $\frac{0{,}45}{3}$ en facteur commun, il vient :

$$V = (0 \text{ m}^2\ 92 + 0 \text{ m}^2\ 0156 + \sqrt{0{,}014\,352}) \times \frac{0{,}45}{3}$$

$$= (0 \text{ m}^2\ 92 + 0 \text{ m}^2\ 0156 + 0 \text{ m}^2\ 1198) \times 0 \text{ m. } 15$$

$$= 1 \text{ m}^2\ 0554 \times 0 \text{ m. } 15 = 0 \text{ m}^3\ 158310.$$

Le volume demandé est 0 m³ 158 310 ou 158 dm³ 310.

126. — *Quel est le volume du tronc de pyramide indiqué dans le problème 124?*

Soit le tronc de pyramide ABCDA'B'C'D' obtenu en coupant la pyramide SABCD par un plan parallèle à la base (fig. 55). Dans ce tronc, nous connaissons les deux bases qui ont respectivement (voir problème 124) 1 m² 96 et 0 m² 81. Nous connaissons aussi l'apothème EF du tronc, mais nous ignorons la valeur de la hauteur OO'. Il faut la calculer.

Pour cela, menons EG parallèle à la hauteur OO'. Le triangle EGF est rectangle en G; on peut donc écrire :

$$\overline{EG}^2 = \overline{EF}^2 - \overline{FG}^2 = 3{,}25^2 - \overline{FG}^2.$$

Le rectangle EGOO′ montre que :

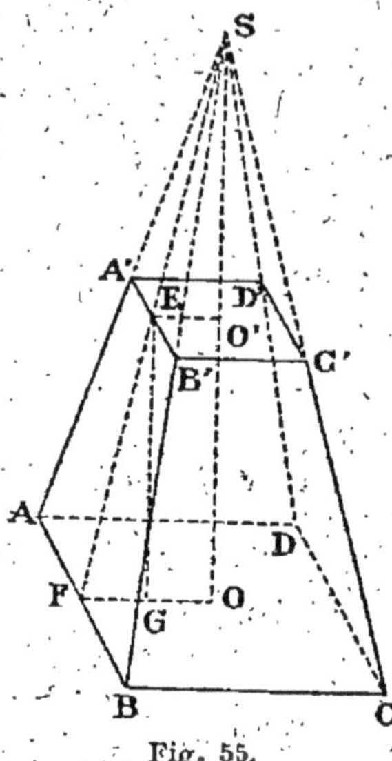

Fig. 55.

$$FH = FO - GO = FO - EO'$$

$$= \frac{1 \text{ m. } 40}{2} - \frac{0{,}90}{2} = \frac{0{,}50}{2} = 0 \text{ m. } 25.$$

Alors : $\overline{FG}^2 = 0,\ 25^2$; par suite,

$$\overline{EG}^2 = 3{,}25^2 - 0{,}25^2 = 10{,}5625 - 0{,}0625$$
$$= 10 \text{ m}^2\ 50,$$

d'où : $EG = \sqrt{10{,}50} = 3 \text{ m. } 24.$

C'est la hauteur du tronc.

Dans la formule :

$$V = \frac{BH}{3} + \frac{bH}{3} + \frac{\sqrt{B \times b}H}{3}$$
$$= \frac{\left(B + b + \sqrt{B \times b}H\right)}{3},$$

remplaçons les lettres par leurs valeurs, nous aurons :

$$V = \frac{\left(1 \text{ m}^2\ 96 + 0 \text{ m}^2\ 81 + \sqrt{1{,}96 \times 0{,}81}\right) \times 3 \text{ m. } 24}{3} = 4 \text{ m}^3\ 352\,400.$$

127. — *Calculer la surface latérale d'un cylindre droit ayant pour base un cercle de 0 m. 55 de rayon et pour hauteur 1 m. 80.*

La surface latérale d'un cylindre droit est donnée par la formule (cours, n° 340)

$S = 2\pi RH$, dans laquelle R représente le rayon de base et H la hauteur du cylindre.

Appliquant cette formule, on a :

$$S = 0 \text{ m. } 55 \times 2 \times 3{,}1416 \times 1{,}80 = 6 \text{ m}^2\ 2203.$$

128. — *Quelle est la surface totale d'un cylindre circulaire droit ayant pour rayon de base 0 m. 27 et pour hauteur 1 m. 30 ?*

Appliquant la formule 341 du cours :

$$S' = 2\pi R\,(H + R), \quad \text{on a :}$$

$$S' = 0 \text{ m. } 27 \times 2 \times 3{,}1416\ (1 \text{ m. } 30 + 0 \text{ m. } 27) = 2 \text{ m}^2\ 6633.$$

129. — *La surface totale d'un cylindre circulaire droit est de 18 décimètres carrés, la surface latérale égale 12 décimètres carrés; chercher le rayon et la hauteur du cylindre.*

Calculons d'abord le rayon de base. Pour cela, remarquons que la surface des deux cercles de base est :

$$18 \text{ dm}^2 - 12 \text{ dm}^2 = 6 \text{ dm}^2.$$

Chacun des cercles a donc une surface de 3 dm².

De la formule : $S = \pi R^2$, on déduit :

$$R^2 = \frac{S}{\pi} = \frac{3 \text{ dm}^2}{3{,}1416} = 0 \text{ dm}^2\ 9549,$$

et $$R = \sqrt{0{,}9549} = 0 \text{ dm. } 977.$$

Connaissant le rayon de base, nous allons maintenant calculer la hauteur du cylindre.

La surface latérale étant 12 dm², on a :

$$12 \text{ dm}^2 = 2\pi RH = 0 \text{ dm. } 977 \times 2 \times 3{,}1416 \times H; \quad \text{d'où :}$$

$$H = \frac{12 \text{ dm}^2}{0{,}977 \times 2 \times 3{,}1416} = 1 \text{ dm. } 95.$$

Le rayon de base du cylindre est 0 dm. 977.

La hauteur du cylindre est 1 dm. 95.

130. — *Calculer le volume d'un cylindre ayant 0 m. 57 de diamètre et 3 m. 20 de hauteur.*

Le volume d'un cylindre est donné par la formule (cours, n° 343) :

$$V = \pi R^2 H; \ R = \frac{0 \text{ m. } 57}{2} = 0 \text{ m. } 285.$$

On a alors :

$$V = 0 \text{ m. } 285 \times 0 \text{ m. } 285 \times 3 \text{ m. } 20 \times 3{,}1416 = 0 \text{ m}^3\ 816\,564.$$

131. — *Un bassin de forme cylindrique a une capacité de 1 000 hectolitres, sa profondeur est de 0 m. 70; on demande le diamètre du bassin et la longueur de la circonférence de base.*

De la formule $V = \pi R^2 H$, on déduit :

$$R^2 = \frac{V}{\pi H} = \frac{100 \text{ m}^3}{0 \text{ m. } 70 \times 3{,}1416} = 45 \text{ m}^2\ 4768;$$

d'où : $$D = 2R = \sqrt{45 \text{ m}^2\ 4768} \times 2 = 13 \text{ m. } 48.$$

Alors la circonférence de base est de :

$$C = 13 \text{ m. } 48 \times 3,1416 = 42 \text{ m. } 348.$$

132. — *On veut construire un tonneau cylindrique qui puisse contenir 450 litres ; quel rayon faut-il donner à la base, si la distance entre les fonds doit être de 2 m. 90 ?*

De la formule $V = \pi R^2 H$, on tire :

$$R^2 = \frac{V}{\pi H} = \frac{0 \text{ m}^3 450}{2,90 \times 3,1416} = 0 \text{ m}^2 0494 ;$$

d'où :

$$R = \sqrt{0 \text{ m}^2 0494} = 0 \text{ m. } 222.$$

133. — *Chercher la surface latérale d'un cône droit, sachant que le rayon a 0 m. 80 et l'arête 1 m. 25.*

La surface latérale d'un cône droit est donnée par la formule (cours, n° 353) :

$S = \pi R a$, dans laquelle R est le rayon de base et a l'arête.

Remplaçant, dans cette formule, les lettres par leurs valeurs, on a :

$$S = 0 \text{ m. } 80 \times 1 \text{ m. } 25 \times 3,1416 = 3 \text{ m}^2 1416.$$

134. — *Chercher la surface totale d'un cône droit, sachant que le rayon a 0 m. 80 et l'arête 1 m. 50.*

Appliquant la formule 354 du cours, on a :

$$S = \pi R(a + R) = 0 \text{ m. } 80 (1 \text{ m. } 50 + 0 \text{ m. } 80) \times 3,1416 = 5 \text{ m}^2 7805.$$

135. — *Chercher la surface totale d'un cône droit, sachant que le rayon a 0 m. 90 et la hauteur 0 m. 95.*

Avant d'appliquer la formule 354, il faut calculer l'arête du cône. C'est l'hypoténuse d'un triangle rectangle dans lequel le rayon de base et la hauteur du cône sont les côtés de l'angle droit.

Par suite : $a^2 = 0,95^2 + 0,90^2 = 1 \text{ m}^2 7125,$

et $a = \sqrt{1,7125} = 1 \text{ m. } 308.$

La formule 234 donne alors :

$$S = 0 \text{ m. } 90 (1 \text{ m. } 308 + 0 \text{ m. } 90) \times 3,1416 = 6 \text{ m}^2 2430.$$

136. — *Trouver le rayon, l'arête et la hauteur d'un cône, sachant que sa surface latérale est de 15 mètres carrés et sa surface totale de 20 mètres carrés.*

Calculons d'abord le rayon au moyen de la surface de la base qui est de:

$$20 \text{ m}^2 - 15 \text{ m}^2 = 5 \text{ m}^2.$$

De la formule du cercle : $S = \pi R^2$, on déduit :

$$R^2 = \frac{S}{\pi} = \frac{5 \text{ m}^2}{3,1416} = 1 \text{ m}^2\ 5915; \quad \text{d'où :}$$

$$R = \sqrt{1,5915} = 1 \text{ m. } 26.$$

Nous pouvons maintenant calculer l'arête au moyen de la surface latérale et du rayon de base. On a :

$$S = \pi R a, \quad \text{d'où} \quad a = \frac{S}{\pi R} = \frac{15 \text{ m}^2}{1,26 \times 3,1416} = 3 \text{ m. } 79.$$

Quant à la hauteur, c'est un côté de l'angle droit d'un triangle rectangle dont l'arête est l'hypoténuse et le rayon l'autre côté de l'angle droit. Par suite :

$$H^2 = 3,79^2 - 1,26^2 = 12 \text{ m}^2\ 7726,$$

et $$H = \sqrt{12 \text{ m}^2\ 7726} = 3 \text{ m. } 57.$$

Le rayon est 1 m. 26 ; l'arête 3 m. 79 et la hauteur 3 m. 57.

137. — *Quel est le volume d'un cône de 0 m. 25 de rayon et de 0 m. 40 de hauteur ?*

Le volume d'un cône est déterminé par la formule (cours, n° 357) :

$V = \frac{\pi R^2 H}{3}$, R étant le rayon de base et H la hauteur du cône.

D'après cela, on a :

$$V = \frac{0 \text{ m. } 25 \times 0 \text{ m. } 25 \times 0,40 \times 3,1416}{3} = 0 \text{ m}^3\ 026\,180.$$

138. — *Quelle est la hauteur d'un cône ayant un rayon de 0 m. 052 et un volume de 25 centimètres cubes ?*

D'après la formule précédente, on a, en prenant le centimètre pour unité :

$$H = \frac{3V}{\pi R^2} = \frac{25 \times 3}{5,2 \times 5,2 \times 3,1416} = 0 \text{ cm. } 89.$$

139. — *La surface latérale d'un cône droit est de 15 mètres carrés, l'arête est de 3 mètres. Quel est le volume de ce cône ?*

Il faut chercher 1° le rayon de base,
2° la hauteur du cône.

De la surface latérale et de l'arête, on déduit le rayon.

La formule 353 du cours, $S=\pi Ra$, donne en effet :

$$R=\frac{S}{\pi a}=\frac{15\text{ m}^2}{3\text{ m.}\times 3{,}1416}=\frac{5}{3{,}1416}=1\text{ m. }59.$$

La surface de base est alors :

$$\pi R^2=1\text{ m. }59\times 1\text{ m. }59\times 3{,}1416=7\text{ m}^2\,9422.$$

Le triangle rectangle dont l'arête est l'hypoténuse, la hauteur et rayon étant les côtés de l'angle droit, nous permet d'écrire :

$$H^2=a^2-R^2=3^2-1{,}59^2=0\text{ m}^2\,4719;$$

d'où :

$$H=\sqrt{0\text{ m}^2\,4719}=0\text{ m. }686.$$

Le volume du cône est donc égal à

$$V=\frac{B\times H}{3}=\frac{7\text{ m}^2\,9422\times 0\text{ m. }686}{3}=1\text{ m}^3\,816\,116.$$

140. — *Les rayons d'un abat-jour sont 0 m. 12 et 0 m. 35, son arête latérale est de 150 millimètres. Quelle est sa surface latérale?*

La surface cherchée est celle d'un tronc de cône; elle est donnée par la formule (cours, n° 364) :

$ST=\pi a\,(R+r)$, dans laquelle a représente l'arête latérale, R et r les rayons des bases.

Remplaçant les lettres par leurs valeurs, on a :

$$ST=0\text{ m. }15\times(0\text{ m. }12+0\text{ m. }035)\times 3{,}1416=0\text{ m}^2\,0730.$$

141. — *La surface latérale d'un tronc de cône est de 3 dm² 95, le grand rayon est de 0 m. 09, le petit rayon égale 0 m. 065. Trouver l'arête.*

D'après la formule précédente, on a, en prenant le centimètre pour unité :

$$a=\frac{ST}{\pi(R+r)}=\frac{395}{(9+6{,}5)\times 3{,}1416}=8\text{ cm. }1.$$

142. — *Quel est le volume d'un tronc de cône dans lequel le grand rayon a 0 m. 80, le petit rayon 0 m. 50 et la hauteur 0 m. 90?*

Le volume d'un tronc de cône est donné par la formule (cours, n° 367) :

$V = \frac{\pi H}{3}(R^2 + r^2 + Rr)$, dans laquelle H est la hauteur du tronc, R et r les rayons des bases. Remplaçant les lettres par leurs valeurs, il vient :

$$V = \frac{3,1416}{3} \times 0,9\,(0,8^2 + 0,5^2 + 0,8 \times 0,5) = 1 \text{ m}^3\ 215\ 799.$$

143. — *Quel est le volume d'un tronc de cône dans lequel le grand rayon a 0 m. 35, le petit rayon 0 m. 25 et l'arête 0 m. 40?*

Il faut chercher la hauteur du tronc.

Pour cela, nous utiliserons les explications du problème 126, afin de remarquer que l'arête du tronc peut être considérée comme l'hypoténuse d'un triangle rectangle dont la hauteur serait un des côtés de l'angle droit et dont l'autre côté serait formé par la différence entre les rayons des bases. On a donc :

$$H^2 = 0,40^2 - (0,35 - 0,25)^2 = 0,15; \quad \text{d'où :}$$

$$H = \sqrt{0,15} = 0 \text{ m. } 38.$$

Appliquant alors la formule 367, on a :

$$V = \frac{3,1416 \times 0,38}{3}(0,35^2 + 0,25^2 + 0,35 \times 0,25) = 0 \text{ m}^3\ 108\,437.$$

144. — *Un ballon sphérique a 10 m. de rayon ; quelle est sa surface?*

La surface d'une sphère est donnée par la formule (cours, n° 383) :

$S = 4\pi R^2$, R étant le rayon de la sphère.

On a donc :

$$S = 10 \times 10 \times 4 \times 3,1416 = 1256 \text{ m}^2\ 64.$$

145. — *Calculer la surface d'une sphère de 0 m. 75 de diamètre.*

D'après la formule (383) :

$S = \pi D^2$, D étant le diamètre, on a :

$$S = 0 \text{ m. } 75 \times 0 \text{ m. } 75 \times 3,1416 = 1 \text{ m}^2\ 7671.$$

146. — *Une sphère a une surface de 1 mètre carré; quel est son rayon?*

De la formule : $S = 4\pi R^2$, on tire :

$$R^2 = \frac{S}{4\pi} = \frac{1 \text{ m}^2}{4 \times 3{,}1416} = 0 \text{ m}^2\ 0798; \quad \text{d'où :}$$

$$R = \sqrt{0 \text{ m}^2\ 0798} = 0 \text{ m. } 282.$$

147. — *Calculer la surface d'une zone prise sur une sphère de 0 m. 80 de rayon et ayant 0 m. 30 de hauteur.*

La surface de la zone est exprimée par la formule (cours, n° 386) : S. zone $= 2\ \pi RH$, R étant le rayon de la sphère, H la hauteur de la zone. On a donc :

$$\text{S. zone} = 0 \text{ m. } 80 \times 0 \text{ m. } 30 \times 2 \times 3{,}1416 = 1 \text{ m}^2\ 5079.$$

148. — *Calculer le volume d'une sphère de 0 m. 50 de rayon.*

Le volume d'une sphère de rayon R est exprimé par la formule : $V = \frac{4\pi R^3}{3}$ (cours, n° 390). On a donc :

$$V = \frac{0 \text{ m. } 50 \times 0 \text{ m. } 50 \times 0 \text{ m. } 50 \times 4 \times 3{,}1416}{3} = 0 \text{ m}^3\ 523\ 600.$$

149. — *La surface d'une sphère est égale à 1 mètre carré; quel est son volume?*

Cherchons le rayon de la sphère.
De la formule $S = 4\pi R^2$, on tire :

$$R^2 = \frac{S}{4\pi} = \frac{1 \text{ m}^2}{4 \times 3{,}1416} = 0 \text{ m}^2\ 0798; \quad \text{d'où :}$$

$$R = \sqrt{0 \text{ m}^2\ 0798} = 0 \text{ m. } 282.$$

Or (cours, n° 389) le volume de la sphère a pour mesure le produit des nombres qui expriment sa surface et le tiers de la longueur du rayon.

La surface étant 1 m², le volume est égal à :

$$V = 1 \text{ m}^2 \times \frac{0{,}282}{3} = 0 \text{ m}^3\ 094.$$

150. — *Si l'on double le rayon d'une sphère, que devient le volume?*

Soit une sphère de rayon R et de volume V,

on a : $$V = \frac{4\pi R^3}{3}.$$

Le volume V' d'une autre sphère de rayon R' sera :

$$V' = \frac{4\pi R'^3}{3}.$$

Divisons ces deux égalités membre à membre, nous aurons :

$$\frac{V}{V'} = \frac{\frac{4\pi R^3}{3}}{\frac{4\pi R'^3}{3}} = \frac{R^3}{R'^3},$$

ce qui montre que *les volumes de deux sphères sont proportionnels aux cubes de leurs rayons.*

En particulier, si $R = 2R'$,

$$R^3 = 2R' \times 2R' \times 2R' = 8R'^3; \quad \text{d'où :}$$

$$\frac{V}{V'} = \frac{8R'^3}{R'^3} = 8.$$

En doublant le rayon d'une sphère, on obtient donc une autre sphère d'un volume 8 fois plus grand que celui de la première.

151. — *Une pyramide triangulaire a pour base un triangle rectangle isocèle, qui a pour côtés égaux 0 m. 48, et pour hauteur 5 m. 28; quel est son volume?*

D'après la formule (cours, n° 329), on a :

$$V = B \times \frac{h}{3} = \frac{0\text{ m. }48 \times 0\text{ m. }48}{2} \times \frac{5\text{ m. }28}{3} = 0\text{ m}^3\ 202\,752.$$

152. — *Un pyramide triangulaire a 12 m. de hauteur; les trois côtés de sa base sont 0 m. 5, 0 m. 6, 0 m. 7; trouver son volume.*

Il faut calculer la base B. Pour cela, nous devrons appliquer la formule donnant la surface d'un triangle en fonction des trois côtés (cours, n° 256).

Elle donne : $p = \frac{0,5 + 0,6 + 0,7}{2} = 0\text{ m. }9$; $p - a = 0,9 - 0,5 = 0,4$; $p - b = 0,9 - 0,6 = 0,3$; $p - c = 0,9 - 0,7 = 0,2$. Alors :

$$S = \sqrt{0,9 \times 0,4 \times 0,3 \times 0,2} = 0\text{ m}^2\ 1473.$$

Le volume de la pyramide est alors :

$$V = 0\text{ m}^2 1473 \times \frac{12\text{ m.}}{3} = 0\text{ m}^3\ 589\,200.$$

153. — *Pour calculer le volume d'un objet de forme irrégulière, on a pris un cylindre de 0 m. 26 de diamètre dans lequel on a versé 75 décilitres d'eau. Aussitôt que cet objet a été plongé dans l'eau, celle-ci s'est élevée de 45 c. 1/2; quelle est la hauteur de l'eau dans le cylindre et quel est le volume de l'objet?*

Cherchons d'abord la hauteur primitive de l'eau dans le cylindre. La formule $V = \pi R^2 H$ donne, en prenant le décimètre pour unité et en remarquant que $R = \frac{0 \text{ m. } 26}{2} = 1 \text{ dm. } 3$, et que 75 décilitres valent 7 dm³ 500 :

$$H = \frac{7,5}{1,3 \times 1,3 \times 3,1416} = \frac{7,5}{5,31} = 1 \text{ dm. } 41.$$

La hauteur du liquide après l'immersion de l'objet est de :

$$1 \text{ dm. } 41 + 4 \text{ dm. } 55 = 5 \text{ dm. } 96.$$

Quant au volume de l'objet, il correspond au volume d'un cylindre ayant pour surface la base du cylindre et pour hauteur la montée de l'eau après l'immersion.

Ce volume est donc :

$$V = \pi R^2 \times H = 0,13^2 \times 3,1416 \times 4,55 = 24 \text{ dm}^3\ 157.$$

154. — *On désire connaître le volume d'un prisme triangulaire droit de 15 centimètres de hauteur et dont les pans ont pour largeur respective 5, 6 et 7 centimètres.*

Le volume du prisme étant donné par la formule $V = B \times H$, calculons la base au moyen de la formule (cours, n° 256).

On a, en prenant le centimètre pour unité :

$$p = \frac{5+6+7}{2} = 9 \text{ cm.}; \quad p - a = 9 - 5 = 4 \text{ cm.};$$

$$p - b = 9 - 6 = 3 \text{ cm.}; \quad p - c = 9 - 7 = 2 \text{ cm.}$$

Alors : $B = \sqrt{9 \times 4 \times 3 \times 2} = 14 \text{ cm}^2\ 73.$

Par suite : $V = 14,73 \times 15 = 220 \text{ cm}^3\ 950.$

155. — *Trouver le côté du cube équivalent en volume à une sphère de 2 m. de rayon.*

Le volume de la sphère est, en mètres cubes :

$$V = \frac{4\pi R^3}{3} = 33 \text{ m}^3\ 510.$$

Le côté du cube de volume équivalent est donc :

$$a = \sqrt{33,510} = 3 \text{ m. } 22.$$

156. — *Un cylindre de 0 m. 58 de diamètre est en partie plein d'eau. Si on y plonge un certain nombre de pièces de 5 francs, l'eau s'élèvera de 0 m. 04. Quel est le nombre de ces pièces à une près ?*

Le volume des pièces de 5 francs immergées dans l'eau est équivalent au volume d'un cylindre de 0 m. 58 de diamètre ou 29 centimètres de rayon et 4 centimètres de hauteur. Ce volume est de :

$$V = \pi R^2 H = 29^2 \times 4 \times 3,1416 = 10568 \text{ cm}^3.$$

Or, une pièce de 5 fr. en argent pèse 25 gr. ; en prenant 10,5 pour densité de l'argent, le volume d'une pièce est de $\frac{25}{10,5}$ cm³ (cours, n° 393) ; par conséquent, autant de fois $\frac{25}{10,5}$ seront contenus dans 10568, autant on aura mis de pièces de 5 fr. dans le cylindre, soit :

$$\frac{10568}{\frac{25}{10,5}} = \frac{10568 \times 10,5}{25} = 4438 \text{ pièces.}$$

157. — *Un lingot cylindrique d'argent a une hauteur de 0 m. 24 ; son diamètre est de 28 millimètres. On demande le poids de ce lingot, sachant que la densité de l'argent est de 10,5.*

Le poids d'un corps étant égal à son volume multiplié par sa densité, cherchons d'abord le volume du lingot d'argent. Prenant le décimètre pour unité, le volume sera exprimé en décimètres cubes et le poids en kilogrammes. On aura donc :

$$V = 0,14^2 \times 2,4 \times 3,1416 = 1 \text{ dm}^3\ 477808.$$

Et le poids est alors de :

$$10 \text{ kg. } 5 \times 1,477808 = 15 \text{ kg. } 517.$$

158. — *Quelle est en mètres la longueur d'une minute du degré terrestre ?*

En supposant la terre sphérique, le quart du méridien terrestre est de 10 000 000 mètres. D'autre part, ce quart de méridien est de

90° ou, comme un degré vaut 60 minutes,

$$60' \times 90 = 5400'.$$

La longueur en mètres d'une minute est donc :

$$\frac{10\,000\,000}{5400} = \frac{100\,000}{54} = 1851 \text{ m. } 85.$$

159. — *Un puits a 7 m. 80 de profondeur, 1 m. 50 de diamètre intérieur. On veut donner 0,45 d'épaisseur au mur. Quel sera le prix de sa construction à raison de 60 francs le mètre cube, et quel sera son volume d'eau, si l'eau s'élève seulement à 2 m. 50?*

Le prix de la maçonnerie étant égal au prix du mètre cube par le volume, cherchons ce volume.

Il est égal à la différence des volumes de deux cylindres ayant même hauteur 7 m. 80 et comme rayons respectifs $\frac{1 \text{ m. } 50}{2}$ ou 0 m. 75, et 0 m. 75 + 0 m. 45 = 1 m. 20.

Le volume du grand cylindre est, en mètres cubes :

$$V = 1,20^2 \times 7,8 \times 3,1416.$$

Celui du cylindre intérieur est :

$$V' = 0,75^2 \times 7,8 \times 3,1416.$$

Le volume de la maçonnerie est donc :

$$V - V' = 1,20^2 \times 7,8 \times 3,1416 - 0,75^2 \times 7,8 \times 3,1416.$$

Mettant 7,8 × 3,1416 en facteur commun, on a :

$$V - V' = (1,20^2 - 0,75^2)\, 7,8 \times 3,1416 = 21 \text{ m}^3\ 502.$$

Le prix de la maçonnerie est alors de :

$$60 \text{ fr.} \times 21,502 = 1290 \text{ fr. } 12.$$

Quant au volume d'eau, c'est celui d'un cylindre ayant 0 m. 75 de rayon et 2 m. 50 de hauteur.

Ce volume est égal à :

$$V = 0,75^2 \times 2,50 \times 3,1416 = 4 \text{ m}^3\ 417.$$

160. — *On veut connaître la contenance d'un jardin qui forme un triangle rectangle. On ne peut mesurer que le plus grand côté, qui a 20 mètres, et le plus petit, qui en a 12; quelle est la surface de ce jardin?*

Dans un triangle rectangle, l'un des côtés de l'angle droit peut être pris pour base, et l'autre côté pour hauteur; de plus, l'hypoténuse est le plus grand côté du triangle.

Si donc on prend le petit côté pour hauteur, la base sera le côté inconnu; son carré est égal à la différence entre les carrés des autres côtés, c'est-à-dire à :

$$20^2 - 12^2 = 256.$$

La base a donc pour longueur :

$$\sqrt{256} = 16 \text{ m.}$$

Alors la surface du jardin est de :

$$\frac{16 \times 12}{2} = 96 \text{ m}^2.$$

161. — *Quelle est, en hectares, ares et centiares, la surface d'un enclos rectangulaire ayant 1745 pieds de long sur 864 pieds de large?*

Evaluons les pieds en mètres d'après les mesures et calculs qui ont été faits lors de la création du système métrique.

Le quart du méridien terrestre a été trouvé égal à 5 130 740 toises de 6 pieds, soit 30 784 440 pieds.

D'autre part, le même quart de méridien ayant été divisé en 10 000 000 de mètres, un pied vaut :

$$\frac{10\,000\,000 \text{ m.}}{30\,784\,440} = 0 \text{ m. } 324\,839.$$

D'après cela, les dimensions de l'enclos, en mètres, sont respectivement :

longueur : 0 m. 324 839 × 1745 = 566 m. 844.
largeur : 0 m. 324 839 × 864 = 280 m. 661.

Et la surface a pour mesure :

566 m. 844 × 280 m. 661 = 159091 m² ou 15 ha. 90 a. 91 ca.

Remarque. — Souvent, dans la pratique, on compte 3 pieds au mètre. D'après cela, les dimensions de l'enclos seraient, en mètres :

longueur : $\frac{1745}{3}$ mètres; largeur : $\frac{864}{3}$ = 288 mètres.

La surface serait alors :

$$\frac{1745 \text{ m}^2}{3} \times 288 = 167\,520 \text{ m}^2 \text{ ou } 16 \text{ ha. } 75 \text{a. } 20 \text{ ca.}$$

Comme on le voit, la différence entre ce résultat et le résultat exact est assez sensible.

162. — *On veut construire un cylindre ayant un hectolitre de capacité, et tel que la hauteur soit égale au diamètre de la base. Quelle sera cette hauteur à un millimètre près?*

Si, dans la formule : $V = \pi R^2 H$ du volume d'un cylindre, on remplace H par 2R, il vient :

$$V = 2R \times 2\pi R^2;$$

d'où :

$$R^3 = \frac{V}{2\pi}$$

et

$$R = \sqrt[3]{\frac{V}{2\pi}}.$$

Remplaçant les lettres par leurs valeurs; en prenant le décimètre cube pour unité de volume, on a :

$$R = \sqrt[3]{\frac{100}{2\pi}} = \sqrt[3]{\frac{50}{3{,}1416}},$$

ou :

$$R = \sqrt[3]{15{,}915\,500} = 2 \text{ dm. } 51 = 25 \text{ cm. } 1.$$

163. — *On veut faire un vase cylindrique en fer-blanc pesant un gramme par centimètre carré. On lui donne 10 centimètres de diamètre et 10 centimètres de profondeur ; quel sera son poids ?*

Cherchons la surface extérieure du vase. Elle se compose de la surface latérale d'un cylindre et de la surface du cercle formant le fond.

Or, surface latérale $= 2\pi RH$,
et surface du fond $= \pi R^2$.

La surface cherchée est donc :

$$S = 2\pi RH + \pi R^2 = \pi R,(2H + R).$$

Remplaçons les lettres par leurs valeurs, en remarquant que

$$R = \frac{D}{2} = 5 \text{ cm.}; \text{ il vient :}$$

$$S = 3{,}1416 \times 5\ (10 \times 2 + 5) = 15 \text{ cm. } 7080 \times 25 \text{ cm.} = 392 \text{ cm}^2\ 70.$$

Le poids du vase est, par suite :

$$1 \text{ gr.} \times 392{,}7 = 392 \text{ gr. } 7.$$

164. — *Dire à quelle distance deux villes, placées sur le même méridien, sont l'une de l'autre, sachant qu'elles sont situées, la première à 15 degrés de latitude nord, et la seconde à 12 degrés de latitude sud?*

La latitude d'un lieu, qu'elle soit nord ou sud, se comptant à partir de l'équateur, la distance en degrés des deux villes est de :

$$15^\circ + 12^\circ = 27^\circ.$$

D'autre part, le quart du méridien terrestre, ou 90°, a une longueur de 10 000 km. ; donc

si 90° du méridien valent 10 000 km.

1° — — $\frac{10\,000 \text{ km.}}{90}$

et 27° — — $\frac{10\,000 \text{ km.} \times 27}{90} = 3000$ km.

La distance entre les deux villes est donc de 3000 km.

165. — *Un bassin en fonte a la forme d'une demi-sphère, son diamètre intérieur est de 3 m. 44, son épaisseur est de 0 m. 038. On demande : 1° la capacité de ce bassin; 2° son prix à raison de 221 francs la tonne; 3° le prix de la peinture extérieure de la partie courbe et de la partie plane à 4 fr. 15 le mètre carré; 4° la hauteur du cylindre équilatéral qui aurait la même capacité que ce bassin. La densité de la fonte est de 7,3.*

1° La capacité du bassin est équivalente au volume d'une demi-sphère ayant 3 m. 44 de diamètre ou $\frac{3 \text{ m. } 44}{2} = 1$ m. 72 de rayon ; le volume est, en mètres cubes :

$$V = \frac{2\pi R^3}{3} = \frac{1{,}72^3 \times 2 \times 3{,}1416}{3} = 10 \text{ m}^3\ 659.$$

La capacité est donc de 10659 litres ou 106 hl. 59.

2° Pour calculer le prix du bassin, il faut connaître son poids, et d'abord son volume. Ce dernier est égal à la différence des volumes entre la demi-sphère extérieure, de rayon

$$1 \text{ m. } 72 + 0 \text{ m. } 038 = 1 \text{ m. } 758,$$

et la demi-sphère intérieure.

Le premier volume est en mètres cubes :

$$V' = \frac{2\pi R'^3}{3} = \frac{1{,}758^3 \times 2 \times 3{,}1416}{3} = 11 \text{ m}^3\ 379.$$

Le volume de la fonte est donc :

$$11 \text{ m}^3\ 379 - 10 \text{ m}^3\ 659 = 0 \text{ m}^3\ 720.$$

La densité de la fonte étant 7,3, le mètre cube de fonte pèse 7300 kg. ; le poids du bassin est donc :

$$7300 \text{ kg.} \times 0{,}720 = 5256 \text{ kg. ou } 5 \text{ t. } 256.$$

Par suite, le prix de ce bassin est :

$$221 \text{ fr.} \times 5{,}256 = 1161 \text{ fr. } 576.$$

3° La surface de la partie courbe extérieure du bassin est celle d'une demi-sphère de 1 m. 738 de rayon; cette surface est représentée par l'expression $2\pi R'^2$.

La surface de la partie plane est celle d'une couronne circulaire dont les rayons sont : 1 m. 758 et 1 m. 72; cette surface est représentée par l'expression : $\pi R'^2 - \pi R^2$ (cours, n° 265).

La surface à peindre est donc exprimée par la formule :

$$S = 2\pi R'^2 + \pi R'^2 - \pi R^2 = 3\pi R'^2 - \pi R^2 = \pi(3R'^2 - R^2),$$

ou, en remplaçant R' et R par leurs valeurs exprimées en mètres :

$$S = (1,758^2) \times 3 - 1,72^2) \times 3,1416 = 19 \text{ m}^2\ 83.$$

Le prix de la peinture est alors :

$$4 \text{ fr. } 15 \times 19,83 = 82 \text{ fr. } 29.$$

4° Un cylindre équilatéral a son diamètre de base égal à la hauteur; la formule $V = \pi R^2 H$ devient alors :

$$V = 2\pi R^2 \times R = 2\pi R^3.$$

On a donc (1°)

$$2\pi R^3 = 10 \text{ m}^3\ 659;$$

d'où :

$$R^3 = \frac{10 \text{ m}^3\ 659}{2\pi}$$

et

$$R = \sqrt[3]{\frac{10 \text{ m}^3\ 659}{2\pi}} = 1 \text{ m. } 19.$$

166. — *Un ouvrier a doré extérieurement un abat-jour en cuivre dont les diamètres sont de 0 m. 25 et 0 m. 07. Le côté ou l'apothème a 0 m. 134; quel est le prix de la dorure à raison de 0 fr. 03 le centimètre carré?*

Appliquant la formule de la surface latérale d'un tronc de cône, on a, en prenant le centimètre pour unité :

$$ST = \pi a(R + r) = 13,4\ (12,5 + 3,5)\ 3,1416 = 673 \text{ cm}^2\ 56.$$

Le prix de la dorure est donc de :

$$0 \text{ fr. } 03 \times 673,56 = 20 \text{ fr. } 20.$$

167. — *Deux circonférences se coupent à angle droit; trouver la distance des centres et la corde commune, sachant que les deux rayons sont de 3 mètres et de 4 mètres.*

Remarquons d'abord que deux circonférences sont dites *à angle droit* lorsque les deux rayons qui aboutissent aux points de rencontre des deux circonférences se coupent eux-mêmes à angle droit.

Dès lors, ces rayons et la distance des centres forment un triangle rectangle dont la distance des centres est l'hypoténuse.

Si les rayons ont 3 m. et 4 m., la distance des centres est égale à : $\sqrt{3^2+4^2}=5$ m.

Prenons alors une droite BA de 5 cm. de longueur (fig. 56). Du point A comme centre, avec un rayon de 3 cm., décrivons une circonférence; du point B comme centre, avec 4 cm. de rayon, décrivons une autre circonférence qui coupe la première aux points C et D. Ces points C et D doivent en outre se trouver sur la circonférence décrite sur AB comme diamètre, puisque l'angle ACB est droit.

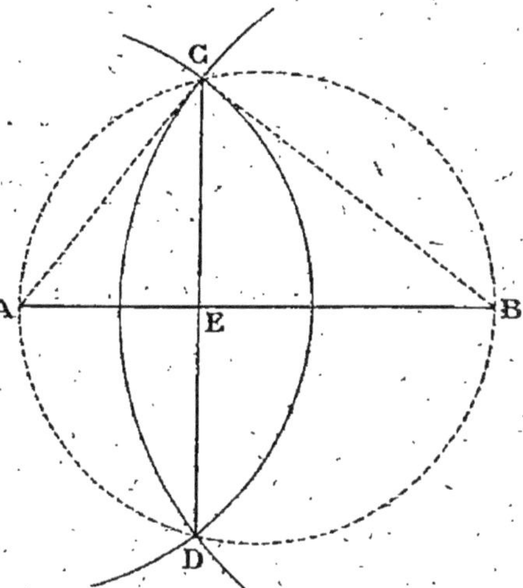

Fig. 56.

Menons la corde commune CD; elle rencontre la ligne des centres en E, est perpendiculaire à cette ligne et est partagée par elle en deux parties égales.

Pour calculer CD, c'est-à-dire CE + ED, calculons d'abord AE. On sait (cours, n° 280, 2°) que :

$$\overline{AC}^2 = AE \times AB, \quad \text{d'où} \quad AE = \frac{\overline{AC}^2}{AB} = \frac{9}{5} = 1 \text{ m. } 80.$$

Alors : $BE = 5 \text{ m.} - 1 \text{ m. } 80 = 3 \text{ m. } 20.$

On pourrait d'ailleurs le calculer directement comme AE.

Alors, dans le triangle rectangle ACB, on a :

$$\overline{CE}^2 = AE \times EB \ (280, 1°),$$
$$= 1{,}80 \times 3{,}20 = 5 \text{ m}^2\ 76; \quad \text{d'où :}$$
$$CE = \sqrt{5{,}76} = 2 \text{ m. } 40; \quad \text{par suite :}$$
$$CD = CE \times 2 = 2 \text{ m. } 40 \times 2 = 4 \text{ m. } 80.$$

168. — *Un terrain a la forme d'un trapèze ABCD, dont la grande base AB a 64 mètres et la petite CD a 28 mètres; la hauteur a 30 mètres. Sur le côté AB est un puits à 24 mètres de l'extrémité B. On demande de faire passer par le centre du puits une droite PM qui, rencontrant le côté CD en M, partage le terrain en deux parties équivalentes. Déterminer le point M où elle aboutit sur ce côté.*

Soient le trapèze ABCD (fig. 57) et le point P sur AB à 24 m. de B. Menons la hauteur PH.

Déterminons d'abord la surface du trapèze; on sait qu'elle a pour mesure :

$$S = \frac{AB + CD}{2} \times PH = \frac{64 + 28}{2} \times 36 = 1656 \text{ m}^2.$$

La moitié de cette surface est de :

$$\frac{1656 \text{ m}^2}{2} = 828 \text{ m}^2.$$

Menons la droite PC et calculons la surface du triangle ACP dont la base est AP égale à 64 m. — 24 m., soit 40 m., et la hauteur PH; on a :

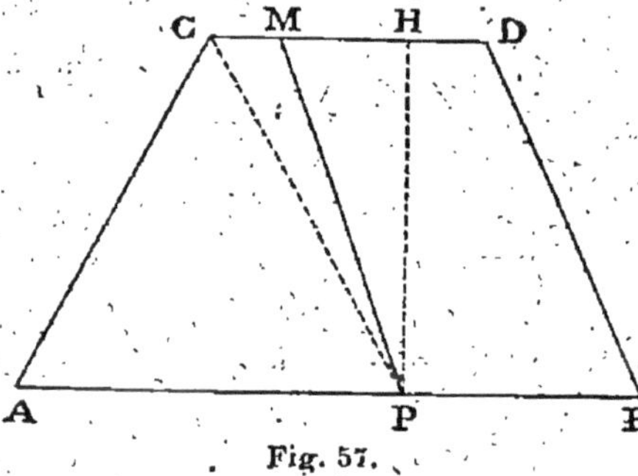

Fig. 57.

$$S.\ ACP = \frac{AP \times PH}{2}$$

$$= \frac{40 \times 36}{2} = 720 \text{ m}^2.$$

Pour partager le trapèze en deux parties équivalentes, il faut ajouter à ce triangle ACP un triangle CMP de base CM, de hauteur PH et de surface :

$$828 \text{ m}^2 - 720 \text{ m}^2 = 108 \text{ m}^2.$$

De $$S.\ CMP = CM \times \frac{PH}{2} = CM \times \frac{36}{2} = CM \times 18,$$

on déduit :

$$CM = \frac{108 \text{ m}^2}{18} = 6 \text{ m}.$$

Le point M est donc à 6 m. du point C.

La droite PM est alors déterminée par les deux points P et M.

169. — *Construire un triangle rectangle isocèle dont l'hypoténuse ait 8 centimètres et faire un carré dont la surface soit triple de celle du triangle.*

Sur une droite AB, de 8 cm. comme diamètre (fig. 58, réduite de moitié), décrivons une demi-circonférence et, au centre O, menons la perpendiculaire au diamètre; elle rencontre la demi-circonférence en un point C qui est le sommet de l'angle droit du triangle rectangle isocèle demandé ACB.

La surface de ce triangle est :

$$\frac{AB}{2} \times OC = AO \times OC = \overline{AO}$$
$$= \overline{CO}^2.$$

Pour construire le carré dont la surface soit triple de ce triangle, c'est-à-dire égale à $3\overline{AO}^2$, remarquons que :

$$\overline{AC}^2 = \overline{AO}^2 + \overline{CO}^2 = 2\overline{AO}^2.$$

Prenons, sur CB, une longueur CD = CO et joignons AD, c'est le côté du carré cherché.

En effet :

$$\overline{AD}^2 = \overline{AC}^2 + \overline{CD}^2 = 2\overline{AO}^2 + \overline{OC}^2$$
$$= 3\overline{AO}^2.$$

Il n'y a plus qu'à construire un carré sur AD comme côté (voir n° 205 du cours). Le carré ADEF répond à la question.

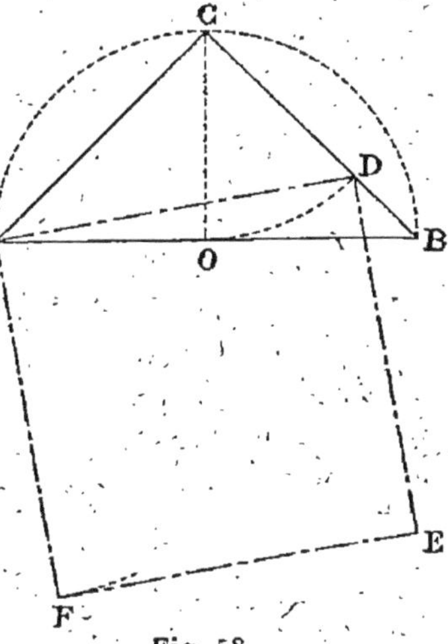

Fig. 58.

170. — *La largeur d'une fenêtre cintrée est égale à 1 m. 20 et la flèche de l'arc de cercle formant le cintre a 0 m. 15. Calculer le rayon du cercle auquel appartient l'arc.*

Soient AB = 1 m. 20 la corde de l'arc et CD = 0 m. 15 la flèche de cet arc (fig. 59). Menons AD et au point A menons la perpendiculaire à AD, elle rencontre le prolongement de DC en un point E. Le triangle DAE est donc rectangle en A et est inscrit dans une demi-circonférence de diamètre DE et de centre O.

La droite AC étant issue du sommet de l'angle droit et perpendiculaire sur l'hypoténuse DE du triangle rectangle DAE, on a :

$$\overline{AC}^2 = DC \times EC; \quad \text{d'où :}$$

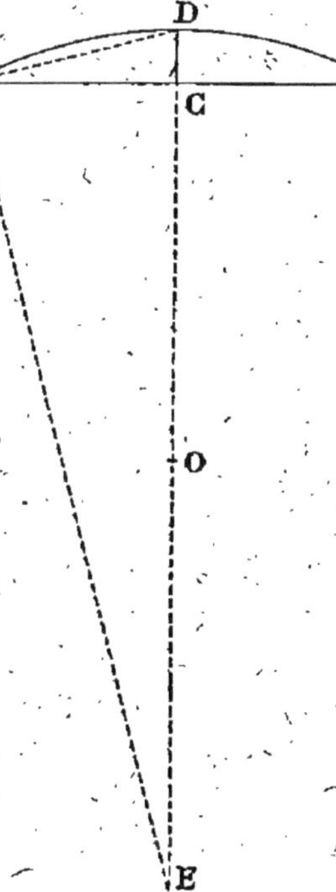

Fig. 59.

$$CE = \frac{\overline{AC}^2}{DC} = \frac{0 \text{ m. } 60^2}{0{,}15} = \frac{0 \text{ m}^2 \text{.} 3600}{0{,}15} = 2 \text{ m, } 40.$$

Par conséquent : $DE = 2 \text{ m. } 40 + 0 \text{ m. } 15 = 2 \text{ m. } 55,$

et

$$OD = \frac{DE}{2} = \frac{2 \text{ m. } 55}{2} = 1 \text{ m. } 275.$$

171. — *Circonscrire à un cercle de 2 centimètres de rayon un losange dont l'un des angles ait 60°.*

Supposons le problème résolu et soit ABGD le losange demandé (fig. 60) circonscrit au cercle O de 2 cm. de rayon.

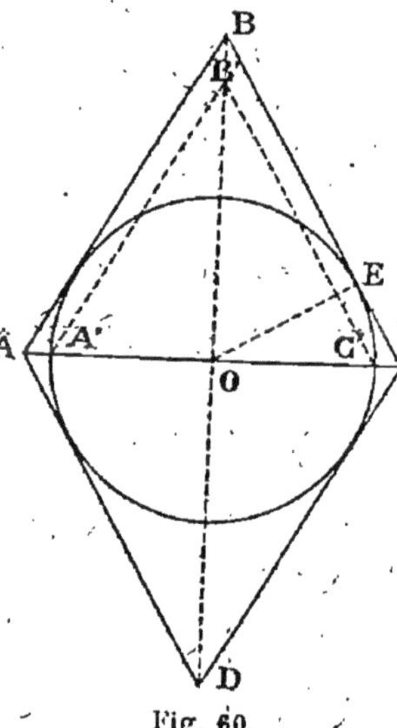

Fig. 60.

Ce losange, ayant, par définition, ses côtés égaux, est un parallélogramme (cours, n° 149); ses angles opposés sont donc égaux et ses côtés opposés parallèles. Dès lors, si l'angle B, par exemple, vaut 60°, l'angle D vaut aussi 60°.

Menons la diagonale AC; le triangle ABC est isocèle et ses angles à la base AC sont égaux.

Comme, à eux deux, ces angles valent :

$$180° - 60° = 120°,$$

chacun de ces angles vaut donc

$$\frac{120°}{2} = 60°.$$

Et le triangle ABC, ayant ses trois angles égaux, est équilatéral. On démontrerait de même que le triangle ADC est équilatéral.

D'autre part, le côté BC est perpendiculaire à l'extrémité du rayon OE, puisqu'il est tangent à la circonférence; enfin, ce côté BC est parallèle au côté B'C' du triangle équilatéral construit sur A'C' comme côté.

D'où l'on déduit la construction suivante :

Sur le diamètre de la circonférence, on construit un triangle équilatéral A'C'B'. Du centre O, on mène le rayon OE perpendiculaire sur B'C' et, du point E, on mène la parallèle à B'C'. Cette parallèle rencontre les diagonales du losange en B et en C. Puis, des points B et C avec CB pour rayon, on décrit des arcs de cercle coupant l'un, A'C', en A, l'autre, B'O, en D. Menant BA, AD, DC, on obtient le losange demandé.

172. — *Une caisse a 1 m. 20 de longueur sur 0 m. 40 de largeur et 0 m. 32 de profondeur; on y place une statue; pour achever de remplir la caisse, il faut encore ajouter 75 litres de sable; on demande le volume de la statue.*

Le volume de la statue est évidemment équivalent au volume de la caisse diminué du sable ajouté.

Si l'on prend le décimètre pour unité, le volume de la caisse est de :

$$12 \times 4 \times 3{,}2 = 153 \text{ dm}^3\ 600.$$

Un litre étant équivalent au décimètre cube, le volume de la statue est de :

$$153 \text{ dm}^3\ 600 - 75 \text{ dm}^3 = 78 \text{ dm}^3\ 600.$$

173. — *Les rayons de la terre, de la lune et du soleil sont proportionnels aux nombres 1, $\frac{3}{11}$ et 112. Si l'on prend le volume de la terre pour unité, quels seront les volumes de la lune et du soleil?*

La terre, la lune et le soleil peuvent être considérés comme des sphères et nous avons montré (problème 150) que les volumes de deux sphères étaient proportionnels aux cubes de leurs rayons.

Si V et V' sont les volumes de la terre et de la lune, on a donc :

$$\frac{V}{V'} = \frac{1^3}{\left(\frac{3}{11}\right)^3} \quad \text{ou} \quad \frac{V}{1^3} = \frac{V'}{\left(\frac{3}{11}\right)^3}; \qquad (1)$$

Considérant les volumes V et V" de la terre et du soleil, on a :

$$\frac{V}{V''} = \frac{1^3}{112^3} \quad \text{ou} \quad \frac{V}{1^3} = \frac{V''}{112^3}. \qquad (2)$$

Les deux proportions (1) et (2) ont un rapport commun $\frac{V}{1^3}$, tous les rapports sont alors égaux, et l'on a :

$$\frac{V}{1^3} = \frac{V'}{\left(\frac{3}{11}\right)^3} = \frac{V''}{112^3}.$$

Si V = 1, comme 1^3 est aussi égal à 1, on a :

$$\frac{V}{1^3} = \frac{1}{1} = 1, \quad \text{donc, on a aussi :}$$

$$\frac{V'}{\left(\frac{3}{11}\right)^3} = 1, \quad \text{d'où} \quad V' = \left(\frac{3}{11}\right)^3 = \frac{27}{1333},$$

et $$\frac{V'}{112^3}=1, \quad \text{d'où} \quad V'=112^3=1404928.$$

Le volume de la lune est donc les $\frac{27}{1333}$ de celui de la terre.

Le volume du soleil vaut 1 404 928 fois celui de la terre.

174. — *On donne une sphère de cuivre de 0 m. 20 de rayon creuse et contenant une sphère de platine de 0 m. 07 de rayon, de telle sorte qu'il n'y ait aucun vide entre les deux sphères; trouver quel est le poids de la masse ainsi formée, sachant que la densité du platine est 21,15 et celle du cuivre 8,85?*

Pour obtenir le poids de la masse, il faut connaître les poids du cuivre et du platine et, par suite, calculer leurs volumes respectifs.

Le volume de la sphère de platine est égal à $V=\frac{4}{3}\pi R^3$, ou, en prenant le centimètre pour unité :

$$V=\frac{4}{3}\pi\times 7^3=1436 \text{ cm}^3\ 758.$$

Le volume du cuivre est égal à la différence entre le volume de la sphère creuse et celui de la sphère de platine.

Le volume de la sphère creuse est égal à :

$$V'=\frac{4}{3}\pi\times 20^3=33\,510 \text{ cm}^3\ 400.$$

Le volume du cuivre est donc :

$$33\,510 \text{ cm}^3\ 40-1\,436 \text{ cm}^3\ 758=3\,2073 \text{ cm}^3\ 642.$$

Les densités du cuivre et du platine étant respectivement 8,85 et 21,15, un centimètre de ces corps pèse respectivement 8 gr. 85 et 21 gr. 15; dès lors :

Le poids du cuivre est de :

$$8 \text{ gr. } 85\times 32\,073{,}642=283\,852 \text{ gr. ou } 283 \text{ kg. } 852.$$

Le poids du platine est de :

$$21 \text{ gr. } 15\times 1436{,}758=33\,387 \text{ gr. ou } 33 \text{ kg. } 387.$$

Le poids de la masse est donc de :

$$283 \text{ kg. } 852+33 \text{ kg. } 387=317 \text{ kg. } 239.$$

175. — *Une sphère a 1 mètre de rayon; quelle sera la surface d'une sphère d'un volume quatre fois moindre?*

Le volume de la sphère de 1 m. de rayon est de : $\frac{4}{3}\pi \times 1^3 = \frac{4}{3}\pi$ mètres cubes.

Le volume de la sphère dont il faut chercher la surface sera donc de $\frac{1}{3}\pi$ mètres cubes.

Soit R le rayon de cette dernière sphère ; en fonction de son rayon, son volume est de $\frac{4}{3}\pi R^3$; on a donc :

$$\frac{1}{3}\pi \text{ mètres cubes} = \frac{4}{3}\pi R^3, \quad \text{ou :}$$

$$1 m^3 = 4\,R^3, \quad \text{d'où :} \quad R^3 = \frac{1\ m^3}{4} = 0\ m^3\ 250,$$

et
$$R = \sqrt[3]{0\,m^3,250} = 0\ m.\ 63.$$

La surface de la sphère est alors égale à :

$$S = 4\pi R^2 = 0{,}63^2 \times 4 \times 3{,}1416 = 4\ m^2.9876.$$

TABLE DES MATIÈRES

BIBLIOTHÈQUE NATIONALE

9-22

IMPRIMERIE DELAGRAVE
VILLEFRANCHE-DE-ROUERGUE

www.ingramcontent.com/pod-product-compliance
Ingram Content Group UK Ltd.
Pitfield, Milton Keynes, MK11 3LW, UK
UKHW021559260726
13993UKWH00002B/934

9 782329 208626